JN276157

# ワイン手帳
*Wine Encyclopedia For Gourmet*

20年くらい前に比べたら驚くほど多種多彩なワインが日本でも入手できるようになりました。ワイン好きにとってこれほど嬉しいことはありません。でも、数多くの銘柄がズラリと並ぶワイン売り場やレストランのワインリストを前に、どれを選んだらよいか迷ってしまうことって、ありませんか？

　本書では、ワイン選びの前に知っておくと便利な基礎知識を、「各国のワイン」を切り口にコンパクトにまとめました。ワインの魅力のひとつに、その国「らしい」味の個性を知る楽しさがあると思います。例えばメルローというぶどう品種を使ったワインでも、日本産とフランス産では味に違いが生まれます。その土地の土壌や気候がぶどうの成長に影響を与えて、ワインの味を決める大切な要素となるからです。特定の国や地域でしか栽培されない固有の品種もたくさんあり、そうしたぶどうからも地域性の色濃い味わいのワインが生まれます。

　そんな地味のあるワインを試してみるには、どんな種類を選んだらいいだろう？　本書でお薦めするワインの選択基準はそこにいちばん力点を置きました。さらに世界が認める有名ワイナリーや、その国のワインを語る上ではずせない重要な背景や物語を持つワイン、年々変わりゆくワイン事情の中で近年話題になっているワインや、買い求めやすい価格帯のお薦めワインも入れて、情報に奥行きを持たせるよう心がけました。日本に輸入されているワインであることは大前提です。

ただしワインは毎年安定的に生産できる工業製品ではなく、収穫されたぶどうから年に一度だけつくられる農産物です。本書で紹介しているワインは、ある程度安定した供給力を持つ大手メーカーのものもあれば、そうでないものもあります。そうでないワインは数に限りがあり、いつでもどこでも入手できるわけではありませんが、もし気になるワインがあったら、取り扱っている輸入元に問い合わせてみてください。入手方法のアドバイスをくれるはずです。

　ワイン選びに困ったときは、①赤か白か、②重軽＆甘辛、③予算、をポイントに「○○円くらいで、それほど重くない赤を」という相談の仕方で十分です。もしそのワインが気に入ったら銘柄などを覚えておくと次回は「先日飲んだフランスの○○がおいしかったけど今日は違うタイプの赤を試したい」と要望に具体性が出てきて、次第に好みのワインを選ぶコツもつかめてきます。

　ワインは知識がなくてもおいしいお酒ですが、ワインにまつわる背景を知っているともっとおいしく、選ぶ楽しさもぐっと増します。ウンチクをたれて気難しく飲むのでなく、背景を知ってより楽しく飲む。この本がそんなきっかけづくりに少しでもお役に立てたら幸いです。

2010年6月吉日

熊野裕子

# ボリューム&甘辛度 マトリックス

|   | 1 | 2 | 3 | 4 | 5 | 6 | 7 |
|---|---|---|---|---|---|---|---|
| G (重) | G-1 | G-2 | G-3 | G-4 | **G-5** | **G-6** | **G-7** |
| F | F-1 | F-2 | F-3 | F-4 | F-5 | **F-6** | **F-7** |
| E | **E-1** | E-2 | **E-3** | E-4 | **E-5** | **E-6** | **E-7** |
| D | **D-1** | D-2 | D-3 | D-4 | **D-5** | **D-6** | **D-7** |
| C | C-1 | **C-2** | **C-3** | C-4 | **C-5** | C-6 | C-7 |
| B | B-1 | B-2 | B-3 | B-4 | B-5 | B-6 | B-7 |
| A (軽) | A-1 | A-2 | A-3 | A-4 | A-5 | A-6 | A-7 |

(ボリューム) 甘 ←(甘辛度)→ 辛

---

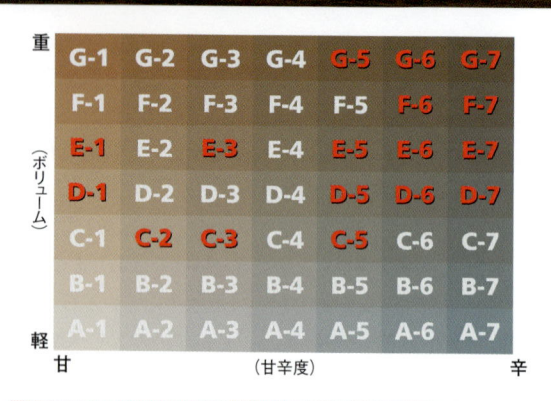

**C-2** シャルツホフベルガー カビネット (ドイツ) ▶P110 ／ベルンカステラー ドクトール リースリング カビネット (ドイツ) ▶P111／ロバート ヴァイル リースリング トラディション (ドイツ) ▶P113／ベリンジャー スパークリング ホワイト ジンファンデル (カリフォルニア) ▶P150

**C-3** ブランケット ド リムー アンセストラル (フランス) ▶P75

**C-5** ガタオ ヴィーニョ ヴェルデ (ポルトガル) ▶P139

**D-1** ユルツィガー ヴュルツガルテン アイスワイン (ドイツ) ▶P119

**D-5** プリミティーヴォ ディ マンドゥーリア (イタリア) ▶P101

**D-6** ソアーヴェ (イタリア) ▶P96 ／プロセッコ コネリアーノ ヴァルドッビアーデネ (イタリア) ▶P98

**D-7** シャトー デュ クレレ ミュスカデ セーヴル エ メーヌ シュール・リー (フランス) ▶P64

**E-1** シャトー ディケム (フランス) ▶P28

**E-3** ゲヴュルツトラミネール ツェレンベルグ (フランス) ▶P60

**E-5** リースリング ツェレンベルグ (フランス) ▶P61／ケルン リースリング クラシック (ドイツ) ▶P112／ベトリ リースリング ゼクト b.A ブリュット (ドイツ) ▶P117／ツヴァイゲルト (オーストリア) ▶P124

**E-6** シャトー プピーユ (フランス) ▶P32／シャトー トゥールド ミランボー リゼルヴ (フランス) ▶P33 ／ボージョレ ヴィラージュ (フランス) ▶P51／モエ・エ・シャンドン モエ アンペリアル (フランス) ▶P56／シノン レ グランジュ (フランス) ▶P65／コート カタラン ルージュ ロマニッサ (フランス) ▶P76／アイルス モンテプルチアーノ ダブルッツォ (イタリア) ▶P102／ラインガウ甲州 ミッテルハイマー エーデルマン (ドイツ) ▶P114／ベトリ ヘルクスハイマー シュベートブルグンダー シュベートレーゼ トロッケン "バリク"(ドイツ) ▶P118／グリューナー・フェルトナー オーベル シュタイゲン (オーストリア) ▶P123 ／モートン・エステート マルボロ ソーヴィニヨン・ブラン (ニュージーランド) ▶P162／グレイス甲州 (日本) ▶P177／岩の原ワイン マスカット・ベーリー A (日本) ▶P178

**E-7** シャトー カルボニュー (フランス) ▶P29 ／シャブリ (フランス) ▶P40／ピュリニー モン

| | |
|---|---|
| | ラッシェ（フランス）▶P50／ドン ペリニヨン（フランス）▶P55／ヴーヴ・クリコ イエロー ラベル（フランス）▶P57／ドゥラモット ブリュット（フランス）▶P58／サンセール テールドゥ マンブレイ（フランス）▶P66／プイィ フュメ（フランス）▶P67／ヴェルナッチャ ディ サン・ジミニャーノ（イタリア）▶P92／『ゲーベー』ソバージュ リースリング トロッケン（ドイツ）▶P115／ユリウスシュピタール ヴュルツブルガー シュタイン シルヴァーナ カビネット トロッケン（ドイツ）▶P116／フレシネ コルドン ネグロ（スペイン）▶P133／グロセット ウオーターヴェイル スプリングヴェイル リースリング（オーストラリア）▶P154／レッド ヒル エステート シャルドネ（オーストラリア）▶P159／シャンドン ロゼ（オーストラリア）▶P160 |
| F-6 | シャトー ラフィット ロートシルト（フランス）▶P21／シャトー トゥール デュ オー ムーラン（フランス）▶P26／シャトー ラネッサン（フランス）▶P27／シャトー ペトリュス（フランス）▶P31／シャンボール ミュジニー（フランス）▶P43／ボーヌ（フランス）▶P47／ヴォルネイ（フランス）▶P48／ムルソー（フランス）▶P49／コート デュ ローヌ ルージュ（フランス）▶P71／ドルチェット ダルバ（イタリア）▶P88／チェク ロロロ アルネイス（イタリア）▶P89／ネロ ダーヴォラ（イタリア）▶P103／ウガルテ（スペイン）▶P130／ナイア（スペイン）▶P135／トーレス サングレ デ トロ（スペイン）▶P136／ダン レッド（ポルトガル）▶P140／オーパス ワン（カリフォルニア）▶P144／スタッグス・リープ・ワイン・セラーズ カベルネ・ソーヴィニヨン " アルテヌス "（カリフォルニア）▶P145／ヴィラ マウント エデン シャルドネ ビエン ナシード プレミアム ヴィンヤード（カリフォルニア）▶P147／セインツベリー ピノ・ノワール カルネロス（カリフォルニア）▶P148／ピーターレーマン バロッサ シラーズ（オーストラリア）▶P156／ダーレンベルグ カストディアン グルナッシュ（オーストラリア）▶P157／ウッドストック カベルネ・ソーヴィニヨン（オーストラリア）▶P158／エラスリス マックス レゼルヴァ カベルネ・ソーヴィニヨン（チリ）▶P167／アパルタグア エンヴェロ カルメネール（チリ）▶P168／レイダ ラス ブリサス ピノ・ノワール（チリ）▶P169／オチョティエラス シラー（レゼルバ）（チリ）▶P170／レイダ ガルマ ソーヴィニヨン・ブラン（チリ）▶P171 |
| F-7 | シャトー ラグランジュ（フランス）▶P24／シャトー ジスクール（フランス）▶P25／シャトー ベレール（フランス）▶P30／シャトー サン ミシェル（フランス）▶P34／モレ サン ドニ（フランス）▶P42／ヴォーヌ ロマネ（フランス）▶P44／ニュイ サン ジョルジュ（フランス）▶P46／キュヴェ グランクロ（フランス）▶P73／コルビエール ブラン アン フュ（フランス）▶P74／カオール（フランス）▶P77／カンプ デュ ルス バルベラ ダスティ（イタリア）▶P87／ブルネッロ ディ モンタルチーノ（イタリア）▶P91／キャンティ クラシコ（イタリア）▶P93／ベタロス（スペイン）▶P132／パコ イ ロラ（スペイン）▶P137／ドニャ パウラ エステート マルベック（アルゼンチン）▶P173／井筒ワイン シルバー 赤 メルロー（日本）▶P179 |
| G-5 | セゲシオ ジンファンデル ソノマ・カウンティ（カリフォルニア）▶P146 |
| G-6 | シャトー マルゴー（フランス）▶P20／シャトー オー ブリオン（フランス）▶P21／シャトー カロン セギュレル（フランス）▶P22／シャトー ランシュ バージュ（フランス）▶P23／シャトーヌフ デュ パプ（フランス）▶P70／バンドール ルージュ（フランス）▶P78／サッシカイア（イタリア）▶P94／アマローネ デッラ ヴァルポリチェッラ（イタリア）▶P97／レルミタ（スペイン）▶P131／プラド レイ クリアンサ（スペイン）▶P134／カレス グリーノック シラーズ（オーストラリア）▶P155 |
| G-7 | シャトー ムートン ロートシルト（フランス）▶P20／シャトー ラトゥール（フランス）▶P21／ジュヴレ シャンベルタン（フランス）▶P41／ロマネ コンティ（フランス）▶P45／バローロ ブルナーテ（イタリア）▶P85／バルバレスコ（イタリア）▶P86／タウラージ ラディーチ（イタリア）▶P100／フランシス コッポラ ダイヤモンド コレクション クラレット（カリフォルニア）▶P149／マルケス デ カーサ コンチャ カベルネ・ソーヴィニヨン（チリ）▶P166 |

## ●目次

| | |
|---|---|
| はじめに | 2 |
| ボリューム&甘辛度 マトリックス | 4 |
| 本書の使い方 | 12 |

### フランス

| | |
|---|---|
| フランスワインの基礎知識 | 14 |
| ボルドー | 17 |
| ボルドーの基礎知識 | 18 |
| シャトー カロン セギュール | 22 |
| シャトー ランシュ バージュ | 23 |
| シャトー ラグランジュ | 24 |
| シャトー ジスクール | 25 |
| シャトー トゥール デュ オー ムーラン | 26 |
| シャトー ラネッサン | 27 |
| シャトー ディケム | 28 |
| シャトー カルボニュー | 29 |
| シャトー ベレール | 30 |
| シャトー ペトリュス | 31 |
| シャトー プピーユ | 32 |
| シャトー トゥール ド ミランボー リゼルヴ | 33 |
| シャトー サン ミシェル | 34 |
| ブルゴーニュ | 37 |
| ブルゴーニュの基礎知識 | 38 |
| シャブリ | 40 |
| ジュヴレ シャンベルタン | 41 |
| モレ サン ドニ | 42 |
| シャンボール ミュジニー | 43 |
| ヴォーヌ ロマネ | 44 |

| | |
|---|---|
| ロマネ コンティ | 45 |
| ニュイ サン ジョルジュ | 46 |
| ボーヌ | 47 |
| ヴォルネイ | 48 |
| ムルソー | 49 |
| ピュリニー モンラッシェ | 50 |
| ボージョレ ヴィラージュ | 51 |
| **シャンパーニュ** | **53** |
| ドン ペリニヨン | 55 |
| モエ・エ・シャンドン モエ アンペリアル | 56 |
| ヴーヴ・クリコ イエローラベル | 57 |
| ドゥラモット ブリュット | 58 |
| **アルザス** | **59** |
| ゲヴュルツトラミネール ツェレンベルグ | 60 |
| リースリング ツェレンベルグ | 61 |
| **ロワール** | **62** |
| **ロワールの基礎知識** | **63** |
| シャトー デュ クレレ ミュスカデ セーヴル エ メーヌ シュール・リー | 64 |
| シノン レ グランジュ | 65 |
| サンセール テール ドゥ マンブレイ | 66 |
| プイィ フュメ | 67 |
| **ローヌ** | **68** |
| **ローヌの基礎知識** | **69** |
| シャトーヌフ デュ パプ | 70 |
| コート デュ ローヌ ルージュ | 71 |
| **ラングドック&ルーション／南西地方／プロヴァンス** | **72** |
| キュヴェ グラナクサ | 73 |
| コルビエール ブラン アン フュ | 74 |
| ブランケット ドリムー アンセストラル | 75 |
| コート カタラン ルージュ ロマニッサ | 76 |

|   | |
|---|---|
| カオール | 77 |
| バンドール ルージュ | 78 |

## イタリア

| | |
|---|---|
| イタリアワインの基礎知識 | 80 |
| **ピエモンテ** | **84** |
| バローロ ブルナーテ | 85 |
| バルバレスコ | 86 |
| カンプ デュ ルス バルベラ ダスティ | 87 |
| ドルチェット ダルバ | 88 |
| チェク ロエロ アルネイス | 89 |
| **トスカーナ** | **90** |
| ブルネッロ ディ モンタルチーノ | 91 |
| ヴェルナッチャ ディ・サン・ジミニャーノ | 92 |
| キャンティ クラシコ | 93 |
| サッシカイア | 94 |
| **ヴェネト** | **95** |
| ソアーヴェ | 96 |
| アマローネ デッラ ヴァルポリチェッラ | 97 |
| プロセッコ コネリアーノ ヴァルドッビアーデネ | 98 |
| **南イタリア** | **99** |
| タウラージ ラディーチ | 100 |
| プリミティーヴォ ディ マンドゥーリア | 101 |
| アイレス モンテプルチアーノ ダブルッツォ | 102 |
| ネロ ダーヴォラ | 103 |

## ドイツ・オーストリア

| | |
|---|---|
| **ドイツ** | **106** |
| ドイツワインの基礎知識 | 107 |
| シャルツホフベルガー カビネット | 110 |

| | |
|---|---|
| ベルンカステラー ドクトール リースリング カビネット | 111 |
| ケルン リースリング クラシック | 112 |
| ロバート ヴァイル リースリング トラディション | 113 |
| ラインガウ甲州 ミッテルハイマー エーデルマン | 114 |
| 『ゲーベー』ソバージュ リースリング トロッケン | 115 |
| ユリウスシュピタール ヴュルツブルガー シュタイン シルヴァーナ カビネット トロッケン | 116 |
| ペトリ リースリング ゼクトb.A ブリュット | 117 |
| ペトリ ヘルクスハイマー シュペートブルグンダー シュペートレーゼ トロッケン "バリク" | 118 |
| ユルツィガー ヴュルツガルテン アイスワイン | 119 |
| オーストリア | 121 |
| オーストリアワインの基礎知識 | 122 |
| グリューナー・フェルトリーナー オーベル シュタイゲン | 123 |
| ツヴァイゲルト | 124 |

## スペイン・ポルトガル

| | |
|---|---|
| **スペイン** | 126 |
| **スペインワインの基礎知識** | 127 |
| ウガルテ | 130 |
| レルミタ | 131 |
| ペタロス | 132 |
| フレシネ コルドン ネグロ | 133 |
| ブラド レイ クリアンサ | 134 |
| ナイア | 135 |
| トーレス サングレ デ トロ | 136 |
| パコ イ ロラ | 137 |
| **ポルトガル** | 138 |
| ガタオ ヴィーニョ ヴェルデ | 139 |
| ダン レッド | 140 |

## アメリカ(カリフォルニア)

**アメリカ(カリフォルニア)ワインの基礎知識** … 142
- オーパス ワン … 144
- スタッグス・リープ・ワイン・セラーズ カベルネ・ソーヴィニヨン "アルテミス" … 145
- セゲシオ ジンファンデル ソノマ・カウンティ … 146
- ヴィラ マウント エデン シャルドネ ビエン ナシード ヴィンヤード … 147
- セインツベリー ピノ・ノワール カルネロス … 148
- フランシス コッポラ ダイヤモンド コレクション クラレット … 149
- ベリンジャー スパークリング ホワイト ジンファンデル … 150

## オーストラリア・ニュージーランド

**オーストラリア** … 152
**オーストラリアワインの基礎知識** … 153
- グロセット ウオーターヴェイル スプリングヴェイル リースリング … 154
- カレスケ グリーノック シラーズ … 155
- ピーター レーマン バロッサ シラーズ … 156
- ダーレンベルグ カストディアン グルナッシュ … 157
- ウッドストック カベルネ・ソーヴィニヨン … 158
- レッド ヒル エステート シャルドネ … 159
- シャンドン ロゼ … 160

**ニュージーランド** … 161
- モートン・エステート マルボロ ソーヴィニヨン・ブラン … 162

## チリ・アルゼンチン・アフリカ

**チリ** … 164
- マルケス デ カーサ コンチャ カベルネ・ソーヴィニヨン … 166
- エラスリス マックス レゼルヴァ カベルネ・ソーヴィニヨン … 167
- アパルタグア エンヴェロ カルメネール … 168
- レイダ ラス ブリサス ピノ・ノワール … 169
- オチョティエラス シラー(レゼルバ) … 170

|   レイダ ガルマ ソーヴィニヨン・ブラン | 171 |
| --- | --- |
| アルゼンチン | 172 |
|   ドニャ パウラ エステート マルベック | 173 |
| 南アフリカ | 174 |

| 日本 |
| --- |
| 日本ワインの基礎知識 | 176 |
|   グレイス甲州 | 177 |
|   岩の原ワイン マスカット・ベーリーA | 178 |
|   井筒ワイン シルバー 赤 メルロー | 179 |

[column]
| 上質なボルドーを比較的手ごろに楽しむコツ | 35 |
| --- | --- |
| メドックのおもな格付けシャトーとセカンドラベル | 36 |
| ドメーヌとネゴシアン | 52 |
| シャンパンと一般のスパークリングワインはどこが違うの? | 54 |
| まだあるイタリアらしい個性的なワイン | 104 |
| ドイツ魂のアイスワイン | 120 |
| カルメネール 〜チリで奇跡の復活を遂げたぶどう〜 | 165 |

| 知っておきたいぶどう品種 | 180 |
| --- | --- |
| 本書で掲載したワインの輸入元 | 184 |
| 50音索引 | 188 |

# ◉本書の使い方

## 品種
品種名の特徴については P180～183の「知っておきたいぶどう品種」などを参考にしてください。

## 現地語表記名

## 生産国名

## 産地名
地域名または原産地呼称名で表記しています。

## ワイン名
この名前だけで1本のワインに限定される場合と、ワイン名に対して複数の生産者がいる場合があります（後者に属するもの⇒フランスのブルゴーニュとローヌ、サッシカイアを除くイタリア（大文字部分）、他フランス、オーストリアの一部）。後者の場合は、複数いる生産者の中で、参考までにお薦めの造り手を生産者名の欄に明記していますが、その例だけにこだわらず、複数の生産者のワインを試してみてください。

**フランス**
**ROMANÉE CONTI**
ロマネ コンティ ①

▶ブルゴーニュ ▶コート ド ニュイ地区 ▶ヴォーヌ ロマネ ▶ロマネ コンティ

### 極上の特級畑と最高の造り手DRCによる史上最高の傑作

品種
② ・ノワール

ヴォーヌ ロマネ村にひしめく特級畑の中心に位置する畑がロマネ コンティである。この畑の所有権をめぐってはルイ15世の愛人ポンパドール夫人とコンティ公の間で争奪戦が繰り広げられ、その末にコンティ公が正式な所有者と認められたことからロマネ コンティの名がついたという。現在この畑は「ドメーヌ ド ラ ロマネ コンティ」（通称DRC）の単独所有であり、偉大な名にふさわしい傑作を世に送り続けている。生産量は極少量、しかしながら世界でもっとも需要の高いワインのひとつに数えられている。

生産者：ドメーヌ ド ラ ロマネ コンティ（DRC）
アルコール度数：14% ③
参考価格： ④
ファインズ

## 生産者名

## アルコール度数
この度数は概算値です。ヴィンテージによって変動します。

## 参考価格
この価格は希望小売価格ですので、実際の販売価格と異なることもあります。ヴィンテージによっても違いがあります。購入される際にご確認ください。

## 色
赤ワインは赤、白ワインは白と表記しています。

## テイスト
甘いか辛いか、軽いか重いかを基準にしています。好みの味わいを知るための参考にしてください。実際の味覚には個人差がありますので、目安としてご利用ください。

## 輸入元
掲載しているワインを輸入している業者名です。ワインについての問い合わせは巻末にある「本書で掲載したワインの輸入元一覧」（P184～）を参照してください。なお日本のワインについては生産元のワイナリーを記載しています。

# フランス
*France*

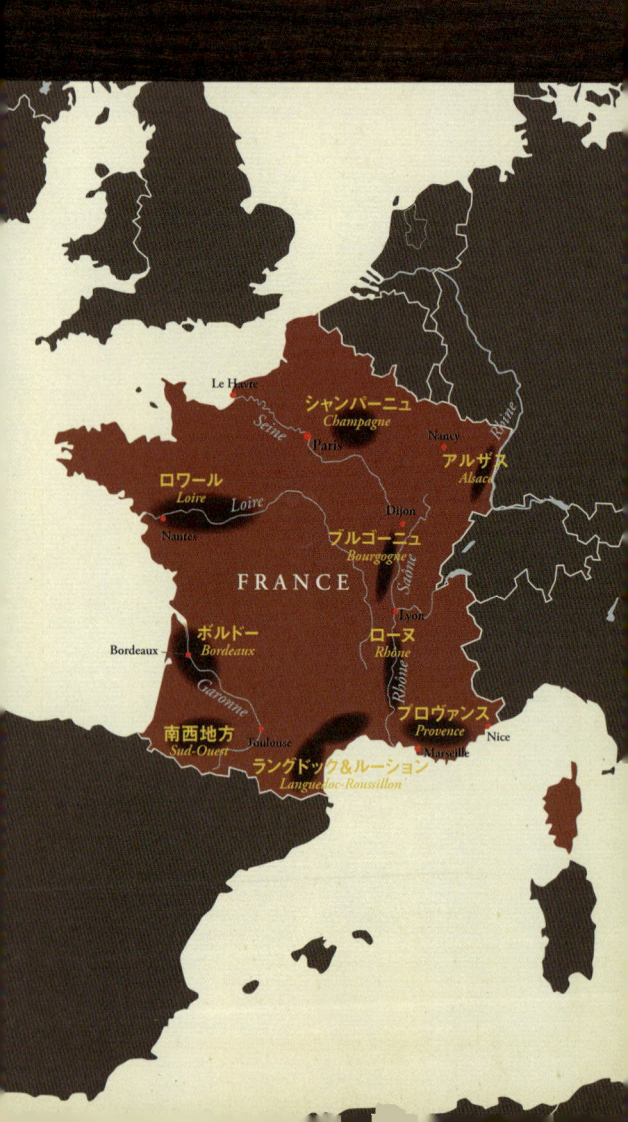

# フランスワインの基礎知識

**シャンパーニュ** *Champagne*
**アルザス** *Alsace*
**ロワール** *Loire*
**ブルゴーニュ** *Bourgogne*
**ボルドー** *Bordeaux*
**ローヌ** *Rhône*
**プロヴァンス** *Provence*
**南西地方** *Sud-Ouest*
**ラングドック&ルーション** *Languedoc-Roussillon*

FRANCE

Le Havre, Paris, Nancy, Nantes, Dijon, Lyon, Bordeaux, Toulouse, Marseille, Nice

Seine, Loire, Saône, Garonne, Rhône

北部の一部を除く国土のほとんどでぶどうが栽培され、地域ごとに特色あるワインづくりが続けられているワイン大国フランス。日本においてはフランスワインというとブルゴーニュ、ボルドー、シャンパーニュが知られているが、それ以外のロワールやローヌ、アルザスなど、各地で個性ある多種多様なワインがつくられている。近ごろフランスにおけるワインの生産量、消費量はともに低迷傾向にあり、他国との競争も厳しさが増しているという事実もあるようだ。けれど地理的な多様性、特定の地域と結びついたぶどう品種、歴史に裏打ちされた品質の高さなどにより、フランスワインがワイン王国として世界中のワイン愛好家の関心を惹いてやまない存在であることは間違いない。

## おもなワイン産地

**【ボルドー】**
　赤、白ともにブレンドタイプが中心のワイン産地。高級ワインで知られるが、カジュアルボルドーも数多い（P17～）。

**【ブルゴーニュ】**
　ボルドーと並ぶ銘醸地。価格帯の広いボルドーに比べて高級ワインに特化している傾向が強い。赤はピノ・ノワール、白はシャルドネを主体に大半は単一でつくられる（P37～）。

**【シャンパーニュ】**
　発泡性ワイン・シャンパンの産地（P53～）。

**【アルザス】**
　ドイツの影響もみられる白ワインの産地（P59～）。

**【ロワール】**
　冷涼な気候をいかした高品質な白が有名（P62～）。

**【ローヌ】**
　骨格のしっかりした高級赤ワインの産地（P68～）。

**【南仏エリア】**
　近年著しい向上をみせるワイン産地。伝統的なワインとニューフェイスのワインが入り交じり、格付けに縛られることなく、掘り出しモノを探すような楽しさがある（P72～）。

フランスワインの基礎知識

## フランスワインの格付け

フランスのワイン法では、ワインの品質を3つに分類している。

## AOC(Appellation d'Origine Contrôlée)
### アペラシオン・ドリジーヌ コントローレ

通常 AOC（原産地統制呼称）と略称される。公的機関 INAO で規定された産地、ぶどう品種、栽培法、醸造法などにおける厳しい基準を満たした上、最終的に試飲検査に合格した最上位のワイン。AOC 製品の印として、ワインのラベルには「Appellation d'Origine（AOC 名）Contrôlée」の表示が記される。AOC 名の部分には、例えば「Bordeaux（ボルドー）」等の地方名、「Medoc（メドック）」等の地区名、「Margaux（マルゴー）」等の村名などが入る。ラベルに記された産地名が狭い地域になるほど産地の個性が明確になり、格も上となる。通常、地方名⇒地区名⇒村名の順だが、ブルゴーニュの場合は村よりさらに狭い区域の1級畑、特級畑にも AOC が適用される。

## Vin de Pays(ヴァン ド ペイ)

生産地が限定されたフランス産のテーブルワインのこと。改正後の新規定では、Vin de Pays から IGP（Indication Géographique Protégée =保護地理的表示）の表記に変更されることになっている。

## 地理的表示のないテーブルワイン

※旧規定ではAOCとVin de Paysの間の等級に位置づけられていた原産地呼称上質指定ワイン（AOVDQS）は、新規定によりAOCかIGPのカテゴリーに移行される。

# ボルドー
## *Bordeaux*

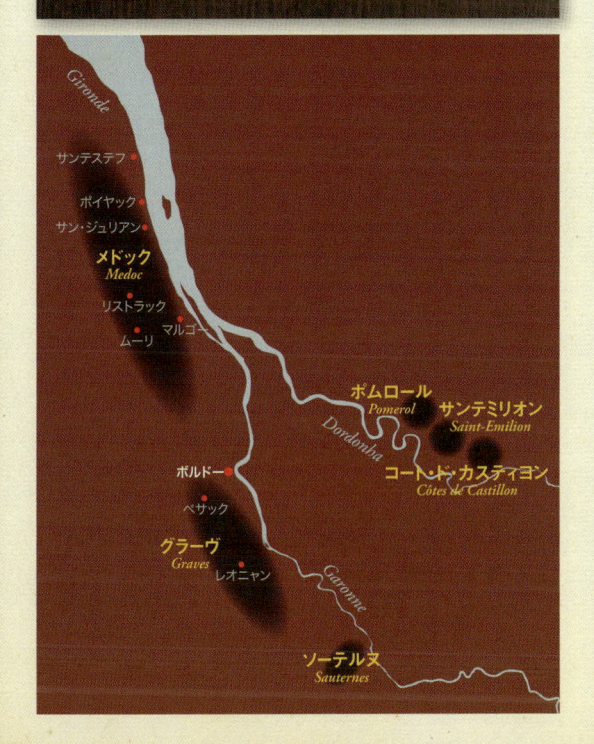

- Gironde
- サンテステフ
- ポイヤック
- サン・ジュリアン
- **メドック** *Medoc*
- リストラック
- マルゴー
- ムーリ
- **ポムロール** *Pomerol*
- **サンテミリオン** *Saint-Emilion*
- Dordogne
- ボルドー
- ペサック
- **コート・ド・カスティヨン** *Côtes de Castillon*
- **グラーヴ** *Graves*
- レオニャン
- Garonne
- **ソーテルヌ** *Sauternes*

# ボルドーの基礎知識

　フランス南西部、三川流域に広がる一大銘醸地。ワインの99％はAOCで、国内AOCワインの約4分の1を占める。品種は赤がカベルネ・ソーヴィニヨンとメルロー主体、白はソーヴィニヨン・ブランやセミヨンなど。基本的にこれらのぶどうをブレンドするのもボルドーの特徴である。ブレンド比率は地域や生産者によって異なり、その比率が味の決め手にもなる。地域的な特徴でいうと、流域を境に左岸（ジロンド川、ガロンヌ川）はカベルネ主体、右岸（ガロンヌ川、ドルドーニュ川）はメルロー主体の傾向が強い。けれど最近は若いうちからおいしく飲めるワインに仕上げるため、全体にメルロー比率が高くなっている傾向がみられる。

## おもな産地

　幅広い価格帯のワインを産するボルドーだが、まずは上質ワインを産するおもな産地として、次の5つを覚えておきたい。

### 【メドック】

　有名シャトーひしめく高級赤ワインの産地。河口に近いメドックとそれより上流域のオー メドックに分かれ、有名シャトーは後者に集中している。おもにカベルネ主体の長期熟成型のワインを生み出す（P20～27）。

### 【ソーテルヌ】

　世界三大貴腐ワインの産地にあげられる甘口ワインの銘醸地（P28）。

### 【グラーヴ】

　赤のほか、高品質な辛口の白ワインを産することでも有名（P29）。

### 【サンテミリオン】

　世界遺産にも登録されている美しいワインの里。メルローやカベルネ・フランを主体にした赤ワインが多く生産される（P30）。

### 【ポムロール】

　メルロー主体の赤の産地。公式の格付けはないが、名品の数々を産する。トップブランドで有名なペトリュス（P31）の本拠地。

## ボルドーの格付け

　ボルドーには、国内で定めたAOCの格付け以外にメドック、グラーヴ、ソーテルヌ、サンテミリオンの各地区に、独自の格付けがある。この格付けの初めての試みは1855年のパリ万博に際して行われた。ナポレオン3世の命により、当時重要な輸出産品だったボルドーワインの中から優れたシャトーを格付けして展示することになったのだ。格付け作業の結果、選ばれたのは、赤ワインについてはオー ブリオン（グラーヴ地区）の例外を除き、すべてメドック地区のシャトーであった。白ワインについてはソーテルヌ地区の甘口が選ばれることとなった。

### メドック地区の格付け

　1855年の格付け制定時に選ばれたシャトーは、5つの等級に分けられた。その格付けは1973年にムートン・ロートシルトが1級に昇格した例外を除き、1世紀半以上経た今も変更されていない。基本的に今も信頼性はあるが、現在の品質が当時の格付けと必ずしも一致しないといわれるシャトーもある。価格も等級順とは限らない。

### グラーヴ地区の格付け

　1953年に認定された後、59年に追加、変更された格付け。等級分けは行われず、優良なシャトーのみが選択された。格付け時に白を生産していなかったシャトーは、赤のみに格付けが認められている（例えばオー ブリオン）。

### サンテミリオン地区の格付け

　最初の格付けは1958年。10年ごとに格付けが見直されている。第1特別級（プルミエ・グラン・クリュ・クラッセ）と特別級（グラン・クリュ・クラッセ）の2つに等級分けされている。

### ソーテルヌ地区の格付け

　最初の格付けは1855年。特別1級と第1級、第2級に分かれる。

### ポムロール地区の格付け

　正式な格付けはない。

## ボルドーの基礎知識

# ボルドー五大シャトー
(写真提供：エノテカ株式会社)

### シャトー マルゴー
### CH.MARGAUX

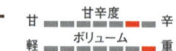

甘 ▬▬▬ 甘辛度 ▬▬ 辛
軽 ▬▬▬ ボリューム ▬▬ 重

　文豪ヘミングウェイがこよなく愛したこのワインの名前を孫娘につけた（故・女優マーゴ・ヘミングウェイ）逸話は有名。映画『ソフィーの選択』ではメリル・ストリープ演じる主人公ソフィーがこのワインを味わい、渡辺淳一の小説『失楽園』では主人公とその愛人がこのワインに毒薬を入れて心中するなど、小説や映画にまつわるエピソードも多い。所在地はマルゴー村。

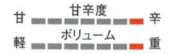

### シャトー ムートン ロートシルト
### CH.MOUTON-ROTHSCHILD

甘 ▬▬▬ 甘辛度 ▬▬ 辛
軽 ▬▬▬ ボリューム ▬▬ 重

　1855年のメドック格付けを唯一覆し、1973年に2級から1級に昇格したシャトー。ラベルの絵柄を毎年違う有名芸術家（ダリ、シャガール、ピカソ、ミロなど）が手がけてきたことでも有名。その報酬はムートンのワインで支払われるという。海外での活躍も目覚ましく、カリフォルニアとの合弁事業によるオーパスワン（P144）はその代表例。所在地はポイヤック村。

## シャトー ラフィット ロートシルト
### CH.LAFITE-ROTHSCHILD

　ブルゴーニュワインばかり飲まれていたフランス宮廷において、ルイ15世の愛人ポンパドール夫人が愛飲するようになったことをきっかけに、ボルドーワインが脚光を浴びるようになったという逸話を持つ。所在地はポイヤック村。

甘辛度　甘 ▭▭▭▭■▭ 辛
ボリューム　軽 ▭▭▭▭■▭ 重

## シャトー ラトゥール
### CH.LATOUR

甘辛度　甘 ▭▭▭▭■▭ 辛
ボリューム　軽 ▭▭▭▭■▭ 重

　ラベルに描かれた塔は、17世紀からこのシャトーを見守ってきた建物。設備拡充後、より高品質なワインを安定的に生産している。所在地はポイヤック村。

## シャトー オー ブリオン
### CH.HAUT BRION

甘辛度　甘 ▭▭▭▭■▭ 辛
ボリューム　軽 ▭▭▭▭■▭ 重

　1855年の格付けで唯一メドック地区以外で格付け入り、しかも1級にランクされた名門シャトー。ナポレオン政権下の外相タレイランがシャトーを所有した時代は、ウィーン会議など重要な外交の場においてふるまわれた。生産量の大半は赤だが、少量ながら生産されている白ワインも名品として名高い。所在地はグラーヴ地区。

🇫🇷 フランス

## Ch. Calon Ségur
# シャトー カロン セギュール

ボルドー ▶ メドック ▶ サンテステフ　　　　　　　　　3級

## ハートラベルが目印
## 愛を伝える贈り物に
## ぴったりのワイン

品種

カベルネ・ソーヴィニヨン主体、メルロー、カベルネ・フラン

　ハートのラベルがトレードマーク。その由来は18世紀ごろのオーナーだったセギュール侯爵が、ほかに偉大なシャトーをいくつも所有していたにもかかわらず、「我、ラフィットをつくるも、心はカロンにあり」と語ったことによる。現在もバレンタインデーや結婚式のギフトに大活躍のカロンは、長命タイプでありつつ、リリース直後の若い時期から鼻をくすぐる官能的な香りを放ち、思わず心奪われる、やわらかでスムーズな飲み心地。サンテステフ特有のミネラル感も備え、人なつこさの中に芯の強さも感じさせる。

生産者：シャトー カロン セギュール
アルコール度数：13%
色：赤　参考価格：1万円前後
輸入元：エノテカ

甘辛度：甘 — 辛（辛寄り）
ボリューム：軽 — 重（重寄り）

## フランス
### CH. LYNCH BAGES
# シャトー ランシュ バージュ

[5級]   ボルドー ▶ メドック ▶ ポイヤック

## 2級並みの実力と評される5級の名門

**品種**

カベルネ・ソーヴィニヨン主体
メルロー、カベルネ・フラン、
プティ・ヴェルド

　格付けは5級ながらも「2級並みの実力」と評され、価格も2級並みの人気シャトー。ボルドー五大シャトーのうちの3つを有するメドックの最たる銘醸地ポイヤック村に位置して、力強く濃密で長命なワインを生み出している。ポイヤックの土壌はカベルネの生育に理想的といわれ、当シャトーもカベルネ比率は高く、ワインはタンニン分に富み、濃密でセクシーな仕上がり。若いうちは香りは控えめだが、あふれんばかりの果実感と凝縮感がある。最後にミルキーな味わいがのどを通っていく感じもポイヤックらしい。

生産者：シャトー ランシュ バージュ
アルコール度数：13%
色：赤　参考価格：8000円前後
輸入元：エノテカ

甘辛度：辛寄り
ボリューム：重寄り

## CH.LAGRANGE
# シャトー ラグランジュ

ボルドー ▶ メドック ▶ サンジュリアン　　　3級

## サントリー社の買収で急激な品質向上を果たしたシャトー

**品種**

カベルネ・ソーヴィニヨン主体

メドック地区の格付け3級シャトー。一時期、評価が低迷していたものの、1983年に日本のサントリー社が買収。畑の排水工事や設備の更新など「ボルドー始まって以来」と評判になったほどの徹底した大改修を行ったことで、品質は飛躍的に向上した。味わいは、力強く濃厚というよりは、サンジュリアン村のワインらしくエレガントでしなやかなスタイル。若いうちはタンニンに覆い隠されて、そうした味わいのきめ細かさが感じにくいが、年数を経るにつれて、奥に秘めた豊かな味わいの真価が発揮されてくる。

生産者：シャトー ラグランジュ
アルコール度数：13％
色：赤　参考価格：7875円
輸入元：ファインズ

甘辛度：辛
ボリューム：重

**フランス**

## CH.GISCOURS
# シャトー ジスクール

3級　　　　　　　　　　　　　　　ボルドー ▶ メドック ▶ マルゴー

## ルイ14世も愛飲したといわれるマルゴーでも指折りの名門シャトー

**品種**

カベルネ・ソーヴィニヨン主体

　メドック地区でもとくに人気の高いマルゴー村。村内には格付けシャトーが21もひしめく。なかでも当シャトーは長熟タイプとしてポテンシャルが高く、若いうちもエレガントな味わいだが、真の力量は年数を要する。例えば今の時点で味わう90年代のワインは上質なブランデーを思わせるような強く甘い香りと味わいが感じられ、これだけの凝縮感に満ちた高品質な古ヴィンテージが１万円台で購入できるのも魅力のポイント。かつてルイ14世が愛飲したといわれるジスクールのワインは、焦らず、熟成を待って楽しみたい。

生産者：シャトー ジスクール
アルコール度数：13％
色：赤　参考価格：7000円前後
輸入元：エノテカ

甘辛度：辛寄り
ボリューム：中程度

🇫🇷 フランス

## CH.TOUR DU HAUT-MOULIN
# シャトー トゥール デュ オー ムーラン

ボルドー ▶ メドック ▶ オー メドック

## 凝縮感に富んだ力強い味わいのお値打ちシャトー

**品種**

カベルネ・ソーヴィニヨン主体
メルロー、プティ・ヴェルド

　こってりとした肉料理に合わせられるような重厚な赤ワインが飲みたいというときにお薦めなのがこのボルドーだ。色も味わいもどっしり濃厚。やや土臭さも感じる。格付け的には5級の下のブルジョワクラスではあるけれど、格付けワインと並行試飲しても勝るとも劣らぬ評価がある。しかも価格は3000円代とお値打ちなのも魅力。カベルネ・ソーヴィニヨン主体につくられる、しっかりとしたタンニンを備えた典型的なメドックスタイル。熟成とともにより味わいがまろやかになり、長期熟成も楽しめる。

生産者：シャトー トゥール デュ オー ムーラン
アルコール度数：12.5 %
色：赤　参考価格：3000円前後
輸入元：エノテカ

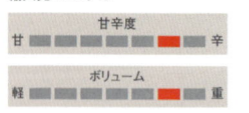

甘辛度　甘／辛
ボリューム　軽／重

フランス
## CH.LANESSAN
# シャトー ラネッサン

ボルドー ▶ メドック ▶ オー メドック

## R・パーカー氏も高評価 造り手のワイン哲学が 明確に伝わる味わい

**品種**

カベルネ・ソーヴィニヨン主体、メルロー、カベルネ・フラン、プティ・ヴェルド

　所有者が変わることの多いボルドーにおいて1793年以来、同じ一族が所有するシャトー。それだけに一貫した哲学があり、現在はブルジョワ級の位置づけだが、ロバート・パーカー氏は「メドックの格付けをやり直せば、5級の地位が真剣に検討されるワインであろう」とベタ褒めのコメントを『ボルドー第4版』に記している。深みのある濃い色。パワフルでたくましい味の骨格。カベルネ比率は高く、飲みごたえというよりは噛みごたえのある舌ざわり、刺激に富んだ大らかな味わいを楽しませてくれる。

生産者：シャトー ラネッサン
アルコール度数：12.5%
色：赤　参考価格：3000円前後
輸入元：エノテカ

**甘辛度**
甘 ▭▭▭▭■▭ 辛

**ボリューム**
軽 ▭▭▭▭■▭ 重

🇫🇷 フランス

## CH.D'YQUEM
# シャトー ディケム

ボルドー ▶ ソーテルヌ　　　　　　　　　　　特別1級

## 一本の樹からできるのは<br>グラス一杯ほどの量<br>甘い甘い神の雫

**品種**

セミヨン主体、ソーヴィニヨン・ブラン

　世界三大貴腐ワインのひとつに数えられるソーテルヌの白。なかでもディケムはソーテルヌの格付けにおいてただひとつ特別1級にランクされ、ソーテルヌの頂点に君臨している。貴腐ワインとは、白ぶどうに貴腐菌がつくことによって糖分だけを残し水分を減少させるためにできる極甘口ワインのこと。貴腐のついたぶどうだけを、多くの人の手によって一粒一粒ていねいに手摘みで収穫し、新樽で3年半熟成した結果できるのは、一本の樹からグラス一杯ほどの量というから驚かされる。まさに神の雫ともいえる極上のデザートワインである。

生産者：シャトー ディケム
アルコール度数：13.5%
色：白　オープン価格
輸入元：エノテカ

甘辛度　甘 ■□□□□ 辛
ボリューム　軽 □□■□□ 重

## フランス
## CH. CARBONNIEUX
# シャトー カルボニュー

ボルドー ▶ グラーヴ ▶ ペサック・レオニャン

## 帆立貝をモチーフにしたラベルの高級辛口白ワイン

**品種**

ソーヴィニヨン・ブラン主体、セミヨン

　グラーヴの土壌は、名前の通り砂利（グラーヴ）が多く、水はけがよい。カルボニューはグラーヴでも有数の大規模なシャトーで、古くから高級白ワインの有名銘柄として人気が高い。歴史は古く、百年戦争の折に建設された城塞を起源とし、18世紀にはイスラム教の禁制をくぐってこのワインをミネラルウォーターとしてオスマン帝国に売っていた逸話もある。しかし味わいは水のように薄いわけではない。ソーヴィニヨン・ブランらしいエキゾチックなアロマとフレッシュな酸に樽香の風味が加わって、口当たりはやわらかく、コクがある。

生産者：シャトー カルボニュー
アルコール度数：13%
色：白　参考価格：6615円
輸入元：ファインズ

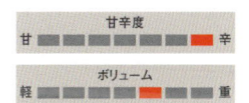

**甘辛度**
甘 ■■■■□ 辛

**ボリューム**
軽 ■■■■□ 重

29

# CH.BÉLAIR
## シャトー ベレール

フランス

ボルドー ▶ サンテミリオン　　　第1特別級

## 石灰岩の土壌に由来するポテンシャルの高さを秘めた長熟型ワイン

**品種**

メルロー主体

　ボルドー右岸の代表産地サンテミリオンは、メルロー主体の赤ワインが多い。なかでもベレールは地区内で最も古い歴史を持つシャトーのひとつである。条件のよい畑を持ち、石灰岩の石切り場を醸造所に使っているため、石灰岩土壌の性質がワインのスタイルにも表れて、しなやかで繊細、ミネラル感も感じられる。濃厚なワインを求める人にはお薦めできないが、優雅に熟成する可能性を秘めている。2008年からはポムロールの名門ジャン・ピエール・ムエックス社の所有となり、今後の成長が期待されている。

生産者：シャトー ベレール
アルコール度数：13%
色：赤　参考価格：7000円前後
輸入元：エノテカ

甘辛度：辛寄り
ボリューム：中

フランス

## CH.PETRUS
# シャトー ペトリュス

ボルドー ▶ ポムロール

## シンデレラワインの元祖 今や五大シャトーと並ぶ ステイタスを誇る

**品種**

メルロー主体、カベルネ・フラン

　今でこそ五大シャトーに並ぶ知名度を持つペトリュスだが、20世紀半ばまではアメリカや英国ではほとんど知られていなかった。名声が高まったのは第二次大戦後。当時の所有者マダム・ルバが国内外の上流社会に向けて熱心に宣伝したことが功を奏し、ロックフェラー、ケネディなどの名門ファミリーが愛飲し、元祖シンデレラワインの道程を歩むこととなる。例年メルロー100％に近いブレンドでリリースされるワインの生産本数は少なく、希少性も高いゆえに、アメリカ上流社会のステイタスシンボルとなっている。

生産者：シャトー ペトリュス
アルコール度数：13.5％
色：赤　オープン価格
輸入元：エノテカ

**甘辛度**
甘　■ ■ ■ ■ ■　辛

**ボリューム**
軽　■ ■ ■ ■ ■　重

31

# CH. POUPILLE
## シャトー プピーユ

フランス

ボルドー ▶ コート ド カスティヨン

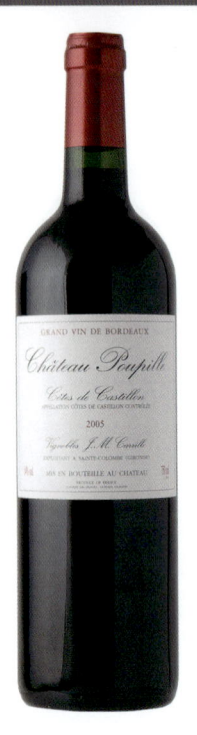

## メルロー100％に こだわるカリスマ生産者 ペトリュスと互角の戦い

**品種**

メルロー

　ボルドーでは珍しくブレンドではなく、メルロー100％の単一品種に徹底してこだわった生産者フィリップ・カリーユ氏による赤ワインである。同生産者による上級ラベル「プピーユ」は、専門家によるブラインド・コンテストでペトリュスと決勝まで互角に戦ったエピソードを持つ。このワインはそのセカンドにあたる。肉厚感はファーストに譲るものの、十分に生産者のスタイルが感じられる。メルローらしさを最大限にいかした気品あるなめらかな味わい。1本あるとディナーの場をひきたててくれるお買い得ボルドーだ。

生産者：シャトー プピーユ
アルコール度数：12.6％
色：赤　参考価格：2730円
輸入元：モトックス

甘辛度　甘 — 辛
ボリューム　軽 — 重

フランス 🇫🇷

## CH. TOUR DE MIRAMBEAU RESERVE
# シャトー トゥール ド ミランボー リゼルヴ

ボルドー

## モンペラで有名な デスパーニュ家の名声を 築く原点となったワイン

**品種**

メルロー主体、カベルネ・ソーヴィニヨン、カベルネ・フラン

　モンペラといえば著名なワイン評論家が絶賛し、ドイツのワイン誌では五大シャトーのラフィットやマルゴーを凌ぐなどの記事で話題を集めたモンスターワイン。そのワインを手がけるデスパーニュ家が最初に元詰めワインの生産を始め、名声を築く原点となったのがこのシャトーである。200年以上も当家が所有し、デスパーニュ氏自身も愛着の深い当シャトーの赤ワインはモンペラ同様メルロー種が主体。重すぎずバランスのとれたやさしい飲み心地。メルロー好きやモンペラファンにはぜひ試してほしい一本だ。

シャトー トゥール ド ミランボー
アルコール度数：12.7%
色：赤　参考価格：2205円
輸入元：モトックス

**甘辛度**
甘 ■■■■□ 辛

**ボリューム**
軽 ■■□■■ 重

33

**フランス**

## CH.SAINT MICHEL
# シャトー サン ミシェル

ボルドー ▶ ボルドーシュペリュール

## 格付け2級の名門
## レオヴィル ラス カーズが
## 手がけるバリューボルドー

**品種**

メルロー主体、カベルネ・フラン

生産者：シャトー サン ミシェル
アルコール度数：15%未満
色：赤　参考価格：2205円
輸入元：中島董商店

甘辛度：辛寄り
ボリューム：中

　ボルドー1級並みの実力と讃えられる2級シャトーのレオヴィル ラス カーズ。このワインはそのオーナーが手がけるカジュアルタイプのボルドーである。ラス カーズがカベルネ・ソーヴィニヨン主体なのに対して、こちらはメルロー主体。シャトーの栽培、醸造はすべてラス カーズチームによって管理されている。さらっとしているのにエキス分はたっぷり。しっかりとした味の骨格がありながら、タンニンはきめ細かく、チーズひとつあればさくっと飲み進んでしまえるおいしいこのワインが2000円程度なのも嬉しい。

# 上質なボルドーを
# 比較的手ごろに楽しむコツ

**セカンドラベルを選ぶ**

　近年、高級クラスのボルドーは価格の高騰が激しく、10年前は1万円程度で買えたワインが今は3万円以上するなど、そうそう気軽に買える値段ではなくなってきた。そんな人気シャトーのワインを比較的安く楽しみたいときにはセカンドラベルを選ぶのも一案である。セカンドラベルとは、ぶどうの樹齢や天候や畑の条件など、様々な理由でそのシャトーのファーストラベルの厳しい基準に見合わないと判断されたワインのこと。従ってファーストラベルより格下ではあるが、実力あるシャトーにおいてはセカンドにも厳しい基準が設けられ、そのシャトーの基本的な味のスタイルが知りたいときには有効な手段となりうる。価格もファーストラベルよりかなりリーズナブル。ファーストラベルの場合はシャトー名がそのままラベルに記されるが、セカンドラベル名は若干異なる（P36一覧参照）。

**有名シャトーのオーナーが所有する**
**別シャトーのワインを選んでみる**

　有名シャトーに因む上質なボルドーを味わう方法として、以前はもっぱらセカンドラベルのワインが活用されていたが、最近はそのセカンドすらも価格が上昇傾向にある。そこで「有名シャトーのオーナーが別に所有するシャトーでつくるカジュアルワインで楽しむのも最近のトレンドです」とは某有名百貨店ワイン売り場のアドバイス。例えばメドック地区の格付け2級シャトー（実力は1級並みと評される）レオヴィル ラス カーズ。そのオーナーが手がける別シャトーのサン ミシェル（P34）も一例だ。ブレンド比率など細かな条件はラス カーズのワインとは異なるので、味わいそのものが同じというわけではないが、同じ醸造チームにより管理されるため、共通したワイン哲学のもと、一流の生産者が手がけるカジュアルワインが楽しめる。こうした例は他のシャトーにもあり、セカンドラベルのように明確なリストや資料があるわけではないが、探してみると思いがけないバリューボルドーに出会えるかもしれない。

# メドックのおもな格付けシャトーとセカンドラベル

セカンドラベルの名前はたいていシャトー名と類似しているが、たまにまったく違うこともあるのでチェックしておきたい。

【第1級】

| シャトー名 | セカンドラベル |
|---|---|
| ラフィット ロートシルト | カリュアード ド ラフィット |
| マルゴー | パヴィヨン ルージュ デュ シャトー マルゴー |
| ラトゥール | レ フォール ド ラトゥール |
| オー ブリオン | バーンズ オー ブリオン（※） |
| ムートン ロートシルト | ル プティ ムートン ド ムートン ロートシルト |

※ 2007年ヴィンテージより「ル クラレンス ド オー ブリオン」に改称

【第2級】

| | |
|---|---|
| レオヴィル ラス カーズ | クロ デュ マルキ |
| レオヴィル ポワフェレ | ムーラン リシュ |
| レオヴィル バルトン | ラ レゼルヴド レオヴィル バルトン |
| ブラーヌ カントナック | ル バロン ド ブラーヌ |
| ピション ロングヴィル バロン | レ トゥーレル ド ロングヴィル |
| ピション ロングヴィル コンテス ド ラランド | レゼルヴ ド ラ コンテス |
| デュクリュ ボーカイユ | ラ クロワ ド ボーカイユ |
| コス デストゥルネル | レ パゴド ド コス |
| モンローズ | ラ ダム ド モンローズ |

ほか全14シャトー

【第3級】

| | |
|---|---|
| ディッサン | ブラゾン ディッサン |
| ラグランジュ | レ フィエフ ド ラグランジュ |
| ジスクール | ラ シレーヌ ド ジスクール |
| パルメ | アルテレゴ ド パルメ |
| カロン セギュール | マルキ ド カロン |

ほか全14シャトー

【第4級】

| | |
|---|---|
| タルボ | コネタブル タルボ |

ほか全10シャトー

【第5級】

| | |
|---|---|
| ポンテ カネ | レ オー ド ポンテ カネ |
| グラン ピュイ ラコスト | ラコスト ボリー |
| ランシュ バージュ | オー バージュ アヴルー |

ほか全18シャトー

# ブルゴーニュ
## *Bourgogne*

シャブリ
*Chablis*

ディジョン

コート・ド・ニュイ
*Côtes de Nuits*

マルサネ
ジュヴレ・シャンベルタン
モレ・サン・ドニ
シャンボール・ミュジニー
ヴージョ
ヴォーヌ・ロマネ

ニュイ・サン・ジョルジュ
サヴィニー・レ・ボーヌ

コート・ド・ボーヌ
*Côte de Beaune*

ラドワ・セリニー
アロース・コルトン
ボース

ポマール
サン・ロマン
サントーバン

コート・シャロネーズ
*Côte Chalonnaise*

ヴォルネイ
モンテリー
ムルソー
ピュリニー・モンラッシェ
シャサーニュ・モンラッシェ

Saône

マコネ
*maconnais*

ボージョレ
*Beaujolais*

リヨン

ブルゴーニュの基礎知識

世界に名だたる銘醸地として、その地位は揺るぎない。赤はおもにピノ・ノワール、白はシャルドネによる単一品種で醸造される。しかし地域内は成分の異なる土壌が連なり、フランス革命後の農地改革で畑の所有者も細分化されているため、同品種、同畑でも生産者により味わいは多種多様である。

## おもな産地

### 【シャブリ】

北端地区。貝殻石灰岩の土壌で栽培されるシャルドネ種から、さわやかで繊細、酸味の強いきりっとした白ワインを産出する(P40)。

### 【コート ド ニュイ】

高級赤ワインの銘醸地区。ロマネ コンティがあるヴォーヌ ロマネなど、特級畑を持つワイン村が鈴なりに続く。

◆おもな村名ワイン

マルサネ、ジュヴレ シャンベルタン (P41)、モレ サン ドニ (P42)、シャンボール ミュジニー (P43)、ヴージョ、ヴォーヌ ロマネ (P44)、ニュイ サン ジョルジュ (P46)

### 【コート ド ボーヌ】

モンラッシェやムルソーなど、シャルドネからつくられる辛口の高級白ワインが有名な地区。ポマールやヴォルネイ村では赤がつくられる。

◆おもな村名ワイン

アロース コルトン、ボーヌ (P47)、ポマール、ヴォルネイ (P48)、ムルソー (P49)、ピュリニー モンラッシェ (P50)、シャサーニュ モンラッシェ

### 【マコネ】

シャルドネを主体とした白の生産地区。マコン ヴィラージュや、プイィ フュイッセはとくに有名。

### 【ボージョレ】

ボージョレ ヌーヴォで有名な当地区は、新酒だけでなく、ガメイ種の個性をいかした多彩な味わいの赤が生産されている。

## 格付け

### ブルゴーニュは「畑」に対して格付けされる

　ブルゴーニュの格付けはボルドーとは根本的に仕組みが違う。ボルドーは格付けに生産地域とシャトー（生産者）の2つの基準があるのに対して、ブルゴーニュはただひとつ「畑」で決まる。AOCの階層は下から順に地方名⇒地区名⇒村名⇒畑名の4層からなり、畑名はさらに1級畑と特級畑に細分化される。地区名より村名、村名より特級畑（1級畑）というようにAOC名が狭くなるほど、地域らしさが明確に表現される格上のワインと評価される。

　本書で紹介しているワインはロマネ コンティを除き、代表的な村名クラスに絞っている。ただし同じ村名のワインでも生産者が違うと味わいも値段もかなり違ってくるので、AOC名と合わせて、造り手の情報も知っておくと品選びがスムーズに進む。

### 村名と畑名が紛らわしいワインも

　ブルゴーニュではAOC村名とその村内にあるAOC畑名が紛らわしいことがある。例えばジュヴレ シャンベルタン（村名）と、その村内にあるシャンベルタン（特級畑）。前者は、村名の「ジュヴレ シャンベルタン」がラベルに記される。一方、後者は特級畑クラスなので、ラベルに村名は不要、畑名のみの記載となるので「シャンベルタン」と記される。格は当然、後者が上なのだが、それを知らずにラベルをみると、ジュヴレとついているワインのほうが格上のような気がしたり、同じ分類のワインのように勘違いしてしまう可能性もある。「モンラッシェ」（特級畑名）と「シャサーニュ モンラッシェ」（村名）などについても同様だ。ワインに詳しい人や業界の人にとっては当たり前すぎることのようだが、実際は勘違いしやすい。くれぐれもジュヴレ シャンベルタンを飲んで「シャンベルタンを飲んだ」とはいわないように。

# CHABLIS
## シャブリ

フランス

ブルゴーニュ ▶ シャブリ地区

## キンメリジャン土壌が<br>ミネラリーな白を生み出す<br>ブルゴーニュ最北の銘醸地

**品種**

シャルドネ

シャルドネからつくられるブルゴーニュ最北の高級辛口白ワイン。このワインの個性は、冷涼な気候が与えるシャープな酸と、キンメリジャンと呼ばれる貝殻を多く含んだ石灰質土壌がもたらすミネラル感とが調和して独自の味わいを生み出していることにある。一般にカキに合うといわれるが、実際は幅広い料理にマッチする優れた食中酒として活躍してくれる。贈り物にも適したワインのひとつだ。ウィリアム フェーヴルは高名なシャブリの生産者。果実と酸とミネラルのバランスが整ったクリーンな味わいが魅力。

生産者：ドメーヌ ウィリアム フェーヴル
アルコール度数：12.5%
色：白　参考価格：3559円
輸入元：ファインズ

甘辛度：辛
ボリューム：軽〜重

**フランス**

# GEVREY CHAMBERTIN
## ジュヴレ シャンベルタン

ブルゴーニュ ▶ コート ド ニュイ地区 ▶ ジュヴレ シャンベルタン

## 力強く男性的な赤
## 上質な熟成感は
## 時間をかけて味わいたい

**品種**

ピノ・ノワール

　ブルゴーニュの赤の中でもひときわ名声高いワイン産地ではある。しかしこの名前を名乗れる畑の範囲が広いために品質の差も大きく、ジュヴレ シャンベルタンというラベル表示だけで優品と安心しないほうがよい。造り手を選ぶことが大切である。アンリ ルブルソーは近代的設備を導入しつつ、あくまで伝統にこだわった醸造方法を貫いている。果実味は落ちつき、燻したような熟成の気品は、高級レストランでクラシックなフランス料理などと合わせたくなる、この地域名を名乗るにふさわしい重厚で堂々とした風格を持つ。

生産者：ドメーヌ アンリ ルブルソー
アルコール度数：13.5%
色：赤　参考価格：6825円
輸入元：モトックス

**甘辛度** 甘 ─ 辛
**ボリューム** 軽 ─ 重

41

# フランス
## MOREY SAINT DENIS
## モレ サン ドニ

ブルゴーニュ ▶ コート ド ニュイ地区 ▶ モレ サン ドニ

**モレ サン ドニといえば
デュジャックといわれるほど
評価の高い生産者**

**品種**

ピノ・ノワール

　北に力強い赤のジュヴレ村、南は女性的な赤のシャンボール村にはさまれ、モレ サン ドニはその中間的な性格を持つといわれる。村の面積はジュヴレ村の約半分にすぎないが、すばらしい畑と粒揃いな生産者がひしめく。中でも著名なのはデュジャックだ。1960年代後半に資産家ジャック セイスがこの村に拠を構えたドメーヌで、ブルゴーニュ全体としてもトップ生産者のひとつに数えられる。色も味もけっして重くなりすぎず、かぐわしさ漂う洗練されたつくりのエレガントなスタイル。若いうちからバランスもよい。

生産者：ドメーヌ デュジャック
アルコール度数：14％未満
色：赤　参考価格：8400円
輸入元：ラック・コーポレーション

甘辛度：辛寄り
ボリューム：中程度

フランス

# CHAMBOLLE MUSIGNY
# シャンボール ミュジニー

ブルゴーニュ ▶ コート ド ニュイ地区 ▶ シャンボール ミュジニー

## 華やかな香りある赤 エレガンスで女性的な 優美さを備えたワイン

品種

ピノ・ノワール

　ブルゴーニュの中でも、優美で華やかで、エレガンスなニュアンスを備えたワイン。辛口タイプの赤ではあるけれど、果実味が豊かで、甘くやわらかな香りとシルキーな味わいを持つ。上品な酸が全体の味わいをひきしめ、長熟タイプのワインではあっても、若いうちからやさしく美しい香りが開き、たおやかな女性らしさを感じさせる。コント ジョルジュ ド ヴォギュエは、このアペラシオン（産地）を代表する偉大なドメーヌのひとつ。村内にある究極の特級畑ミュジニーの70％を所有する大地主でもある。

生産者：ドメーヌ コント ジョルジュ ド ヴォギュエ
アルコール度数：12.5％
色：赤　参考価格：1万3650円
輸入元：ラック・コーポレーション

甘辛度：甘 ─ 辛（辛寄り）
ボリューム：軽 ─ 重（中程度）

43

フランス

# VOSNE ROMANÉE
# ヴォーヌ ロマネ

ブルゴーニュ ▶ コート ド ニュイ地区 ▶ ヴォーヌ ロマネ

## 香り高くリッチな味わい
## ブルゴーニュの丘の中心に
## 輝く宝石と讃えられる赤

**品種**

ピノ・ノワール

「ヴォーヌには平凡なワインなどありはしない」とは18世紀の歴史家が著書に残した意見。ロマネ コンティはじめ世界に名を馳せる銘酒の産地として名声は衰える様子がない。一般にヴォーヌ ロマネのワインは力強いがしなやかで、香り高い味わいが特徴とされる。注目される生産者はあまたいる中、モンジャール ミュニュレは8代にわたりこの地でワイン生産に従事してきた第一人者である。若いうちから濃密で熟成感のある旨みが感じられ、樽香は強めだが、タンニンがこなれてくると、より味に深みを増す印象を持つ。

生産者：ドメーヌ モンジャール ミュニュレ
アルコール度数：13%
色：赤　参考価格：7350円
輸入元：ラック・コーポレーション

甘辛度：辛
ボリューム：重

フランス

## ROMANÉE CONTI
## ロマネ コンティ

ブルゴーニュ ▶ コート ド ニュイ地区 ▶ ヴォーヌ ロマネ ▶ ロマネ コンティ

# 極上の特級畑と最高の造り手DRCによる史上最高の傑作

**品種**

ピノ・ノワール

　ヴォーヌ ロマネ村にひしめく特級畑の中心に位置する畑がロマネ コンティである。この畑の所有をめぐってはルイ15世の愛人ポンパドール夫人とコンティ公の間で争奪戦が繰り広げられ、その末にコンティ公が正式な所有者と認められたことからロマネ コンティの名がついたという。現在この畑は「ドメーヌ ド ラ ロマネ コンティ」（通称DRC）の単独所有であり、偉大な畑にふさわしい傑作を世に送り続けている。生産量は極少量、しかしながら世界で最も需要の高いワインのひとつに数えられている。

生産者：ドメーヌ ド ラ ロマネ コンティ（DRC）
アルコール度数：14％未満
色：赤　オープン価格
輸入元：ファインズ

甘辛度　甘 □□□□■ 辛
ボリューム　軽 □□□□■ 重

45

# NUITS SAINT GEORGES
## ニュイ サン ジョルジュ

フランス

ブルゴーニュ ▶ コート ド ニュイ地区 ▶ ニュイ サン ジョルジュ

## 造り手によって味の幅が広い生産地区 基本は濃密さと力強さ

**品種**

ピノ・ノワール

ニュイ サン ジョルジュは、ブルゴーニュの赤ワイン産地の中でも一般に男性的で力強いワインを産する村として知られている。コート ド ニュイ地区ではジュヴレ シャンベルタンにつぐ広い耕作面積を持ち、特級畑は持たないけれど、1級畑の数は多い。ロベール シュヴィヨンは、この地区における教科書的なドメーヌと評される名高い生産者である。濃い目の色調、タンニンも多く濃密ではあるのに、なめらかでスムーズ。味わいに作為がなくナチュラルで、飲んだあとの余韻が静かにしみわたる。

生産者：ドメーヌ ロベール シュヴィヨン
アルコール度数：14%未満
色：赤　参考価格：6825円
輸入元：ラック・コーポレーション

甘辛度：辛寄り
ボリューム：中程度

フランス

# BEAUNE
## ボーヌ

ブルゴーニュ ▶ コートド ボーヌ地区 ▶ ボーヌ

## ブルゴーニュワインの都ともいわれるボーヌで生まれる繊細な赤

**品種**

ピノ・ノワール

　ブルゴーニュワインの首都ともいわれるボーヌは、ワイン博物館はじめワインショップやレストランも多い賑やかな観光地であり、ワインの取引中心地としての歴史も長い。その町の西に広がる丘陵地の裾野にはぶどう畑が広々と横たわり、おしなべて飲み心地のよい赤ワインがつくられる。ミシェル ゴーヌーはブルゴーニュで1世紀以上の歴史を持つ由緒あるドメーヌ。若いうちから楽しめるが、熟成後はさらなる奥深さも発見できる。アルコールの力強さよりも豊かなぶどうの風味が感じられ、やさしく洗練された味わい。

生産者：ドメーヌ ミシェル ゴーヌー
アルコール度数：12.5%
色：赤　参考価格：5250円
輸入元：ラック・コーポレーション

甘辛度　甘 ■■■■□■ 辛
ボリューム　軽 ■■■□■■ 重

47

# VOLNAY
## ヴォルネイ

フランス

ブルゴーニュ ▶ コート ド ボーヌ地区 ▶ ヴォルネイ

## ルイ王朝も愛飲し 変わらぬ名声を誇ってきた かぐわしい赤ワイン

品種

ピノ・ノワール

　フランス王ルイ11世がたいそうお気に召したワインのようで、ブルゴーニュ公国をフランス王国に編入した年のヴォルネイの畑の全収穫をひとりじめしてしまったという逸話も残るほどである。ブルゴーニュで最も高名なワインという名声に彩られていた時代もあった。現在も村内には優れたドメーヌがひしめき、品質の水準も高い。かぐわしさと繊細さを備え、味わいは重すぎず清楚で軽やか。ミシェル ラファルジュはそんなヴォルネイ本来の魅力の真価を表現することに優れた、村内最高の造り手のひとつである。

生産者:ドメーヌ ミシェル ラファルジュ
アルコール度数:14%未満
色:赤　参考価格:7350円
輸入元:ラック・コーポレーション

甘辛度:（やや辛寄り）
ボリューム:（やや重寄り）

| フランス 🇫🇷 |
| --- |
| # MEURSAULT
## ムルソー |

ブルゴーニュ ▶ コート ド ボーヌ地区 ▶ ムルソー

## 芳醇な風味と熟した果実味たっぷりのリッチな白ワイン

**品種**

シャルドネ

　口にした瞬間、思わず「おいしい」という言葉が出てしまうほどに味のインパクトは強い。ムルソーの名門コント ラフォンは他の生産者に比べて値は張るが、ムルソーにおける造り手として揺るぎない名声と実力を誇る。本来のムルソーの魅力を知るためにも一度は当家のワインを味わっておきたい。丸みを帯びたふくよかさ、まろやかさが印象的。樽香に由来するバニラ香も加わって、肉づきのよい輪郭を持つ味わいがあふれ出すためだろう。他のシャルドネにはないムルソー独特の大らかな個性が感じられる。

生産者：ドメーヌ デ コント ラフォン
アルコール度数：13%
色：白　参考価格：1万6000円前後
輸入元：エノテカ

**甘辛度**: 甘  □□□□■□ 辛
**ボリューム**: 軽 □□□□■□ 重

🇫🇷 フランス

# PULIGNY MONTRACHET
# ピュリニー モンラッシェ

ブルゴーニュ ▶ コート ド ボーヌ地区 ▶ ピュリニー モンラッシェ

## シャブリやムルソーと並ぶブルゴーニュにおけるシャルドネの聖地

**品種**

シャルドネ

　ピュリニー モンラッシェはブルゴーニュの白を語る上ではずせない。果実味豊かなボリューム感をシャープな酸がひきしめたメリハリのある味わいは、同じブルゴーニュのシャルドネ品種を使ったワインでもシャブリやムルソーとは性格を異にする。ピュリニーの隣村に位置するシャサーニュ モンラッシェとも若干違う。印象的にピュリニーは鋭くシャサーニュは骨格が太く丸い。飲み比べると面白い。ルイ カリヨンは1632年設立の老舗ドメーヌ。ミネラルや酸などの構成要素のバランスが巧みで、これぞピュリニーという味わいを生み出している。

生産者：ドメーヌ ルイ カリヨン エ フィス
アルコール度数：14%未満
色：白　参考価格：8400円
輸入元：ラック・コーポレーション

**甘辛度**: 辛寄り
**ボリューム**: 中程度

**フランス**

# BEAUJOLAIS VILLAGES
# ボージョレ ヴィラージュ

ブルゴーニュ ▶ ボージョレ地区 ▶ ボージョレ ヴィラージュ

## ボージョレの価値は新酒だけではない ガメイの魅力は多彩

**品種**

ガメイ

　ボージョレといえば日本ではヌーヴォ（新酒）のイメージが強いけれど、通常の赤ワインも産している。品種はガメイ。果実味がぴちぴちとしてチャーミングな味わいが特徴。ランク的には通常のボージョレ、その上にヴィラージュ、最上に村名を名乗るボージョレがある。ロシェットはボージョレ地区における、より細かな地域性の違いをワインで表現することに力を入れている生産者。その基本レンジとなるこのボージョレ ヴィラージュは果実味たっぷり、きちっとコクのある味わい。ヌーヴォとは違ったボージョレの魅力が体感できるはず。

生産者：ドメーヌ ロシェット
アルコール度数：13%
色：赤　参考価格：1995円
輸入元：ラック・コーポレーション

**甘辛度**: 中辛寄り
**ボリューム**: 中程度

# ドメーヌとネゴシアン

　ブルゴーニュにおいて、自社畑を持ち、ぶどう栽培からワイン醸造までを一貫して行っている生産者のことをドメーヌという。現在、ブルゴーニュのワインは、このドメーヌものと、ネゴシアンものに大きく分かれる。ネゴシアンとはワイン商のこと。瓶詰め装置を持たない小規模な醸造家がつくったワインを樽で購入して品質調整ののち瓶詰めして出荷したり、ぶどう栽培者からぶどうを購入して自社で醸造したり、中には自社の畑を所有してぶどう栽培から行う大手もある。

　ブルゴーニュにおいては、とくにこのネゴシアンによる活躍の度合いが大きい。なぜならこの地域はひとつの畑を複数の生産者が所有しているという特徴があり、フランス革命後に政府に没収されていた畑が売却、分割され、細分化されてきた歴史を持つからだ。そのためブルゴーニュは小規模生産者が多く、瓶詰めなどの設備を持たない醸造家は、樽のままワインをネゴシアンに売るというやり方をとってきた。

　現在は高級なブルゴーニュワインの多くにドメーヌものが多いといわれるが、ネゴシアンものにも優秀なワインが数多く存在する。例えば全域で活躍する名門ネゴシアンとしては次のようなところがある。

J.フェヴレ…生産するワインの7割は自社畑で栽培したぶどうからつくられるドメーヌ的要素も強い名門。
ジョゼフ ドルーアン…1880年創立以来家族経営を守る老舗。
ルイ ジャド…1859年創立。特級や1級の自社畑を有し、近代的な醸造設備も備える。

　少量生産が多いドメーヌに比べると、比較的大規模であるため、生産量も安定し、日本でも安定的に入手できる魅力もある。

# シャンパーニュ
## *Champagne*

　フランス最北の生産地。この地域ではシャンパンと呼ばれる高級スパークリングがつくられる。かつては赤のスティルワインを産していた時代もあったようだが今は影をひそめ、シャンパンの生産に特化した独自のスタイルを築き、揺るぎない地位を誇る。

　シャンパンに使われる品種は、シャルドネ、ピノ・ノワール、ピノ・ムニエの3つ。通常はブレンドされ、その比率が生産者（メゾン）のスタイルを表現する要素となる。赤ぶどう品種（ピノ・ノワールやピノ・ムニエ）だけでつくる「ブラン・ド・ノワール」や、シャルドネだけでつくる「ブラン・ド・ブラン」など、ぶどう本来の個性をよりいかしたものもある。

　通常のスティルワインは、単一年のぶどうを使い、ボトルにそのヴィンテージ（収穫年）を記すのが一般的だが、シャンパンにおいては複数の収穫年、品種、畑からつくるワインをブレンドするため、ボトルに収穫年の記載がないNV（ノンヴィンテージ）の製品が多い。ぶどうの出来がよい年に限り、単年のベースワインのみで仕込まれ、ラベルにヴィンテージが記される。NVに比べて若干値段は高い。

　甘辛の表記は、Brut（辛口）とDemi Sec（甘口）に大別できる。より強い辛口はエキストラブリュット、リキュール添加（ドサージュ）をしていない場合、ゼロドサージュなどと記される場合もある。色は白が主流。サーモンピンク色をしたロゼも近年人気がある。

　抜栓は十分に冷やしてから行うこと。温度が高いと中身が噴き出す可能性がある。コルクを抜く際、ポン！と大きい音をたてると溶け込んでいる旨みが泡とともに逃げてしまうので、なるべく静かにスマートに。きめ細かにたちのぼってくる泡を観賞し、香りが逃げにくい効果もあるフルート型のグラスで楽しむのが理想的。炭酸の気が抜けるのを防ぐための専用栓（シャンパンストッパー）があると便利だ。

# シャンパンと一般の スパークリングワインは どこが違うの?

「シャンパンって一般のスパークリングに比べて高いけど、どう違うのですか?」という質問をよく受ける。シャンパンもスパークリングワインのひとつだ。でもシャンパンの名称をラベルに記せるのは、シャンパーニュ地方産のものに限られる。ただし同地方で生産されたすべてのスパークリングがシャンパンと名乗れるわけではない。ワイン法に沿ったしかるべき製法=シャンパーニュ方式でつくったもののみシャンパンと名乗ることが許される。

その要が瓶内二次発酵方式と呼ばれる製造技法である。一次発酵終了後、調合したワインに糖分と酵母を加えて瓶内で二次発酵を行う。そこで発生した澱を取り除くためにルミュアージュ(動瓶)して澱を瓶口に集め、デゴルジュマン(澱抜き)をし、目減りした分をリキュールで補充してコルクで栓をする。このやり方はシャンパンをお手本に、スペインのカバ(P133)など各国で行われているが、シャンパーニュ地域外であるため、シャンパンとは呼べない。

この方式以外にも、トランスファー方式(瓶内二次発酵させたワインをタンクにあけ、冷却ろ過してから新しいボトルに詰め替える)、炭酸ガス注入方式(スティルワインの入った瓶やタンクに直接炭酸ガスを注入する)などがある。よりきめの細かい泡立ちを長く楽しめるのはシャンパーニュ方式であるといわれる。

最近はスパークリングワインの人気が高まり、シャンパンを含め様々な種類のものをみかけるようになった。なかには目隠しで飲むと、シャンパンと区別が難しいほどのスパークリングワインにも出会う。まずは好奇心の赴くままに、世界各地のスパークリングワインを楽しんでみることをお薦めする。

フランス

## DOM PÉRIGNON
# ドン ペリニヨン

シャンパーニュ

## シャンパンを開発した修道士ドン・ペリニヨンの偉業を受け継ぐ逸品

**品種**

シャルドネ、ピノ・ノワール

　日本ではドンペリという略称で親しまれ、シャンパンの代名詞にもなっているこのブランド名は実は人の名前。シャンパンの開発に生涯を捧げた17世紀〜18世紀の修道士ドン・ピエール・ペリニヨンに由来する。後に、彼が属していた修道院の畑をモエ・エ・シャンドン社が購入し、リリースしたシャンパンにドン ペリニヨンの名をつけたのは、ドン・ピエール・ペリニヨンが没しておよそ200年もあとのことだった。現在は同社最高銘柄のシャンパンとして販売されている。違う年のぶどうはブレンドせず、単一年のぶどうのみで醸造される。

生産者：モエ・エ・シャンドン社
アルコール度数：12.5％
色：白　参考価格：1万9950円
輸入元：MHDモエ ヘネシー ディアジオ

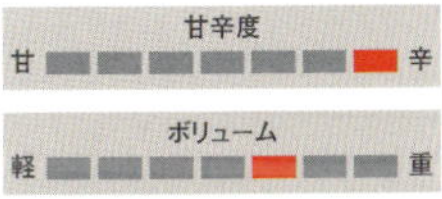

甘辛度：辛寄り
ボリューム：中〜重

# フランス
## MOËT & CHANDON  MOËT IMPÉRIAL
### モエ・エ・シャンドン モエ アンペリアル

シャンパーニュ

**よい意味で万人受けする
バランスのとれた味わい
入門編としてもお薦め**

品種

ピノ・ノワール、シャルドネ、ピノ・ムニエ

　日本で最も知名度のあるシャンパンのひとつだろう。生産量が多く入手しやすいこともあるし、よい意味で万人受けするバランスのとれた味に仕上がっている。たぶんこれを飲んで不味いという人はいない。購入の際にモエかヴーヴか？ とよく話題になる。どちらも大手メーカーで安定した品質という点で優劣はないが、ヴーヴがシャープな辛口なのに対して、モエは辛口ながらもほのかなフルーティーさが全体を包み、ふくよかでやさしい印象が感じられる。シャンパンを飲みなれていない人にもお薦めの一本である。

生産者：モエ・エ・シャンドン社
アルコール度数：12%
色：白　参考価格：5985円
輸入元：MHDモエ ヘネシー ディアジオ

甘辛度：甘￣￣￣￣■￣辛
ボリューム：軽￣￣■￣￣￣重

フランス

## VEUVE CLICQUOT
# ヴーヴ・クリコ イエローラベル

シャンパーニュ

## シャンパンの技術革新に力を尽くした未亡人クリコを想いながら味わう

**品種**

ピノ・ノワール主体、シャルドネ、ピノ・ムニエ

　モエ同様に人気の高い大手シャンパンメーカー。その創業者クリコは20代で夫を亡くし、自らヴーヴ（未亡人）と名乗って自社ブランド名とし、シャンパンの技術革新に着手する。なかでも瓶内二次発酵の際に出る澱の除去技術を開発した偉業は大きい。ラベルやコルク、針金の品質改善などトータルイメージでの開発にも力を尽くした。卵の黄身を連想させるラベルの温かな黄色もクリコの発案。ピノ・ノワール品種を多めにした味わいはきりっと辛口、ひきしまった鮮明なボディ。繊細さと力強さを併せ持つ。

生産者：ヴーヴ・クリコ・ポンサルダン社
アルコール度数：12%
色：白　参考価格：6510円
輸入元：MHDモエ ヘネシー ディアジオ

甘辛度　甘□□□□■辛
ボリューム　軽□□■□□重

# DELAMOTTE BRUT
## ドゥラモット ブリュット

フランス

シャンパーニュ

## シャルドネ種の特質をいかしたシャンパンスタイル

**品種**

シャルドネ主体、ピノ・ノワール、ピノ・ムニエ

　シャンパンは基本的にシャルドネ、ピノ・ノワール、ピノ・ムニエの3種類をブレンドしてつくられ、その比率が味のスタイルを決める大切な要素となる。ドゥラモットはシャルドネ種の個性をいかしたシャンパンづくりを得意とする生産者。シャルドネ50％の高い比率でつくる辛口のシャンパンは、ピュアで濃厚な果実味にあふれ、清涼感ある風味がのどをさわやかに通り抜ける。シャルドネ100％でつくるブラン ド ブランはフラッグシップ的存在。全アイテムに共通したドゥラモットスタイルが明確に感じられる。

生産者：ドゥラモット社
アルコール度数：14％未満
色：白　参考価格：5460円
輸入元：ラック・コーポレーション

**甘辛度**：辛寄り
**ボリューム**：中

# アルザス
## Alsace

　ライン川を隔ててドイツとの国境沿いに位置するワイン地域。ライン川に沿って南北におよそ100kmにわたり細長くのびる丘陵地帯にはワイン村が点在し、絵のように美しい風景の中をワイン街道が続く。過去には戦争によってドイツ領になったり、フランス領になったりと長きにわたって両国による領土紛争が続いた複雑な歴史を持つエリアでもある。そのためフランスに復帰した現在もこの地域内はドイツ語通用度が高く、町並みや食文化などにドイツ的な影響が色濃く残る。ワインについても、ドイツでよくみかける細長いボトルが使われていたり、リースリングやゲヴュルツトラミネールなど、使われる品種も隣国とかなり類似している。けれど味わい自体はだいぶ異なり、アルザス独自の個性が感じられる。

　アルザスワインの大きな特徴は、ラベルに大きくぶどう品種名が表示されていること。もっぱら白ワインの生産が中心で、リースリング、ゲヴュルツトラミネール、ピノ・グリ、ピノ・ブラン、ミュスカ、シルヴァネールが重要品種となる。これらの品種からほぼすべてのワインが単一品種でつくられる。樽を使うことも少ないので、この土地に育った品種そのものの個性が純粋に感じられるスタイルの味に仕上がっている。全体的な味の傾向としては、香りは甘くても味わいはぼやけた感じのない、鋭くひきしまった辛口が多い。優雅な甘口もある。アルザス産の「クレマン・ダルザス」はきめ細かいクリーミーな泡立ちが心地よいスパークリングワインである。

## フランス
# GEWÜRZTRAMINER ZELLENBERG
# ゲヴュルツトラミネール ツェレンベルグ

アルザス

## 華やかな香りと体になじむやさしい甘さ

**品種**

ゲヴュルツトラミネール

　白の単一品種によるワインが主流なアルザスにおいて、最もメジャーなぶどうのひとつがゲヴュルツトラミネール。バラやライチを思わせる華やかなアロマが特徴で、アルザスにおいてはとくにその個性が強くみられる。アルザスでは基本的に辛口の白が主流だが、この品種については甘く感じるものが比較的多い。華やかな香りと穏やかな酸味、白桃を思わせるとろっとした甘さに思わずほっとする癒し系の仕上がり。ワインだけで楽しめる独立タイプでありつつ、生魚以外のいろいろな料理とも相性がよい。

生産者：ドメーヌ マルク・テンペ
アルコール度数：13.5%
色：白　参考価格：3500円程度
輸入元：ディオニー

甘辛度　甘 ― ― ■ ― ― 辛
ボリューム　軽 ― ― ■ ― ― 重

フランス

## RIESLING ZELLENBERG
### リースリング ツェレンベルグ

アルザス

## ビオディナミのよさが おいしさで実感できる アルザスリースリング

**品種**

リースリング

　ライン川を隔ててドイツと接する地域アルザスでは、歴史や気候風土の関係からぶどうもドイツと共通の品種が多い。リースリングもそのひとつ。しかし仕上がりはドイツ産とかなり異なり、同じ辛口でも質の違いは色濃く、アルコール度も高めの印象が強い。アルザス屈指のビオディナミ（自然の力を最大限にいかす農法）生産者マルク・テンペのリースリングは、はっきりとした果実感と高貴な香りが心地よい中辛口。化粧っけはないのに品がよく、リースリング本来の瑞々しい個性が豊かに表現されている。

生産者：ドメーヌ マルク・テンペ
アルコール度数：13%
色：白　参考価格：3000円程度
輸入元：ディオニー

甘辛度：甘 — 辛（中央寄り）
ボリューム：軽 — 重（中央）

# ロワール
## *Loire*

```
ナント地区          Loire              トゥーレーヌ地区
                                      ヴーヴレ
     ナント      アンジュ&              トゥール
ミュスカデ      ソーミュール地区   シノン
                                   サンセール  プイィ
                                              フュメ
                                   中央フランス地区
```

ロワールの基礎知識

全長約1000kmに及ぶフランス最長の大河・ロワール流域には古城が点在し、その周辺をぶどう畑が彩る美しい風景が広がっている。その範囲は広大なため、それぞれの気候風土に適した独自のワインを持つ4つの生産地区に分けられる。全体の傾向として、北のワインらしい品のある酸味とミネラルに支えられた風味豊かな味わいが魅力であり、美食の伝統が根づく当地区においては優秀な食中酒としての役割も大きい。白が中心だが赤もロゼも生産される。白の主要品種はミュスカデ、シュナン・ブラン、ソーヴィニヨン・ブラン。赤はカベルネ・フラン、ロゼはグロローが主役となる。

## おもな産地
4地区に分かれ、気候と土壌を映した多様性あるワインを生む。

### 【ナント地区】
ナントの町を中心に河口付近に広がる地区。海洋性気候のもと、ミュスカデ種からつくられるフレッシュな辛口の白（P64）が有名。

### 【アンジュ&ソーミュール地区】
アンジュとソーミュールの町周辺を指し、アンジュでは、ロゼ・ダンジュと呼ばれる甘口ロゼが人気。白はシュナン・ブランによる甘口～辛口が産される。

### 【トゥーレーヌ地区】
トゥールの町を中心に広がる生産地区。シュナン・ブランによる白で有名なヴーヴレは辛口～貴腐ワインまでを産する。シノンはカベルネ・フラン主体の赤（P65）を多く産する。

### 【中央フランス地区】
ソーヴィニヨン・ブラン種による白の産地。有名なのは AOC サンセール（P66）とプイィ フメ（P67）。この2つの AOC と並ぶ名産地ニュージーランドのソーヴィニヨン・ブラン（P162）とは、かなり個性が異なるので比較試飲すると面白い。

🇫🇷 フランス

# CH.DU CLÉRAY MUSCADET SÈVRE ET MAINE SUR LIE
## シャトー デュ クレ ミュスカデ セーヴル エ メーヌ シュール・リー

ロワール ▶ ナント地区 ▶ ミュスカデ セーヴル エ メーヌ

## すがすがしく のどを潤してくれる 酸味のきれいな白

**品種**

ミュスカデ（別名ムロン ド ブルゴーニュ）

ロワール地方で栽培されるミュスカデ種100％の白ワイン。フレッシュでさわやか。しっかりとした味の骨格と膨らみもあり、酸味と香りが心地よい辛口に仕上がっている。この切れのよい味わいがのどを潤す快感はたまらない。単独で飲んで旨く、魚介類ともよくマッチする。クレレは当地区で最も古いシャトーのひとつ。現在は代々ミュスカデづくりに携わってきたソーヴィオン家が所有する。発酵後、澱引きをあえてせずに春まで放置することで、香りやコクなどを引き出すシュール・リー製法でつくられる。

生産者：ソーヴィオン社
アルコール度数：12％
色：白　参考価格：2520円
輸入元：日本リカー

甘辛度：甘ー辛（辛寄り）
ボリューム：軽ー重（中程度）

フランス 🇫🇷

# CHINON LES GRANGES
## シノン レ グランジュ

ロワール ▶ トゥーレーヌ地区 ▶ シノン

## カベルネ・フランの個性が存分に発揮されたシノンの赤ワイン

**品種**

カベルネ・フラン

　どちらかといえば白やロゼの印象が強いロワール地方で、ぜひ試しておきたい赤といえばトゥーレーヌ地区で生産されるカベルネ・フラン主体のワインだ。ボルドーではブレンドの補助に使われる品種だが、ロワールでは主役としてその秀逸性を発揮する。なかでもジャンヌ・ダルクゆかりの城で有名な観光地シノンはこの赤の名産地。ボードリーは代表格の生産者。ブレンドなしのカベルネ・フラン100％でつくられる赤は、豊かな果実味と、土壌からくるしっかりしたミネラル感が穏やかに口の中でほどけてゆく。

生産者：ドメーヌ ベルナール ボードリー
アルコール度数：12 ％
色：赤　参考価格：2835円
輸入元：ヴァンパッシオン

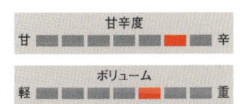

**甘辛度**：やや辛口寄り
**ボリューム**：中程度

65

## フランス

# SANCERRE TERRE DE MAIMBRAY
# サンセール テールドゥ マンブレイ

ロワール ▶ 中央フランス地区 ▶ サンセール

## フランスの ソーヴィニヨン・ブラン を代表する産地

**品種**

ソーヴィニヨン・ブラン

サンセールといえばフランスを代表するソーヴィニヨン・ブランの産地。このぶどうからつくられるワインは、本来きわだった香りを持つ辛口の白になることが多いが、サンセール産はライムやレモンのような酸の強い柑橘系の香りが強め。きりっとひきしまったその酸の奥には、土壌の個性をすくい上げたかのようなミネラル感ともいうべき旨み成分が絡み合って、その複雑な味わいの構成をしっかり噛みしめたくなる魅力がある。ルヴェルディ家がつくるサンセールは、そのお手本ともいえるような個性が感じられる。

生産者：ドメーヌ パスカル エ ニコラ ルヴェルディ
アルコール度数：12.5 %
色：白　参考価格：3360 円
輸入元：木下インターナショナル

甘辛度：辛寄り
ボリューム：中

フランス

## POUILLY FUMÉ
## プイィ フュメ

ロワール ▶ 中央フランス地区 ▶ プイィ フュメ

## シャブリの土壌と同じキンメリジャンから生まれる辛口の白

**品種**

ソーヴィニヨン・ブラン

プイィ フュメは、ロワール川対岸にあるサンセール（P66）同様、ソーヴィニヨン・ブランの名産地。両者の味わいもよく似ている。地形的には丘に位置するサンセールに対してフュメは平地にあるため、サンセールに比べると酸がやさしく、味の骨格もやわらかく厚みがある―という説があるが、産地だけでなく生産者の違いもあるかもしれない。セルジュ ダグノーは、家族経営による実力派のドメーヌ。キンメリジャン（シャブリと同じ貝殻を多く含む石灰質土壌）の価値を十分にいかした正統派ワインと評価されている。

生産者：ドメーヌ セルジュ ダグノー
アルコール度数：11.5％
色：白　参考価格：3675円
輸入元：ヴァンパッシオン

**甘辛度**
甘　■　■　■　■　□　辛

**ボリューム**
軽　■　■　□　■　■　重

67

# ローヌ
## *Rhône*

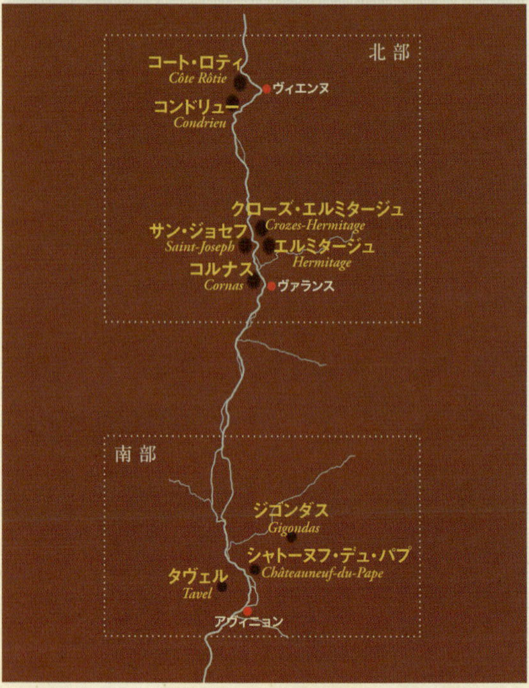

**北部**

- コート・ロティ *Côte Rôtie*
- ヴィエンヌ
- コンドリュー *Condrieu*
- クローズ・エルミタージュ *Crozes-Hermitage*
- サン・ジョセフ *Saint-Joseph*
- エルミタージュ *Hermitage*
- コルナス *Cornas*
- ヴァランス

**南部**

- ジゴンダス *Gigondas*
- シャトーヌフ・デュ・パプ *Châteauneuf-du-Pape*
- タヴェル *Tavel*
- アヴィニョン

ローヌの基礎知識

　スイスアルプスを源に地中海へ流れ出すローヌ川。ワイン産地はこの流域に沿って南北に約200kmにわたり広がっている。太陽の恵み豊かな大地に育つワインは、美食の里でもある地元の食材とも非常に相性がよい。赤ワインが中心だが、ヴィオニエと呼ばれる地域特有の白ワインもつくられている。デイリーなものから長熟タイプの高級ワインまで幅広いが、全体にコストパフォーマンスはよい。

## おもな産地

　気候や畑の地勢、ぶどう品種などの違いにより北と南に分かれる。

### 【北部】

　赤はシラー種、白はヴィオニエ種を主体に、ルーサンヌ、マルサンヌなどが用いられる。「コンドリュー」は、北ローヌ原産とされる白ぶどう種ヴィオニエを使った高級白ワインの産地。花のような香りがたちのぼるアロマティックな魅力を持つが、酸味が少ないためボトル内熟成は期待できず、香りが強い若いうちが飲みごろとされる。値段は高い。赤ワインではシラー種を主体とした「コート ロティ」や「エルミタージュ」などが知られる。

### 【南部】

　南部のワインは複数の品種をブレンドしてつくられることが多い。白も生産されるが赤が中心。ブレンドされる赤の主要品種はグルナッシュを主体にムールヴェードル、サンソー、カリニャンなど。南部はローヌ地方全体の生産量の9割程度を占める。代表地区としては、「シャトーヌフ デュ パプ」(P70)、ロゼを産する「タヴェル」など。大半が南部でつくられている「コート デュ ローヌ」(AOC、P71)は気軽に楽しめる価格帯で入手しやすい。

🇫🇷 フランス

# CHÂTEAUNEUF DU PAPE
## シャトーヌフ デュ パプ

ローヌ ▶ シャトーヌフ デュ パプ

## かつてローマ法王も愛飲したであろう高名な赤ワイン

**品種**

グルナッシュ主体、シラー、ムールヴェードル

「法王の新しい城」の意味を持つシャトーヌフ デュ パプ。この名は14世紀にローマ法王が当地に別荘地を建てたことに由来する。ローヌ屈指の高級赤ワイン産地で知られ、実力ある生産者がひしめく。ただし当地では13種のぶどうから好きな品種を選んでブレンドできるため味のスタイルに差異が出やすい。一度飲んで好き嫌いを決めないほうがよい。伝統ある生産者ピエール・ユッセリオのワインはグルナッシュを主体とし、純粋な果実味としっかりしたタンニンが溶け合い、リッチでジューシーに仕上がっている。

生産者:ドメーヌ ピエール・ユッセリオ
アルコール度数:15%以上16%未満
色:赤 参考価格:6510円
輸入元:ザ ヴァイン

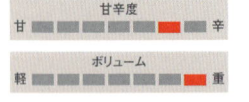

甘辛度:辛寄り
ボリューム:重寄り

## フランス
### CÔTES DU RHÔNE ROUGE
### コート デュ ローヌ ルージュ

ローヌ ▶ コート デュ ローヌ

## ローヌの基本を知る入口として最適なカジュアルワイン

**品種**

シラー主体、グルナッシュ、ムールヴェードル他

「太陽のワイン」とも呼ばれるローヌ地方のワイン。北部と南部、さらにAOC生産地区ごとに特色あるワインがつくられているが、まずはローヌの基本スタイルを知る入口として、「コート デュ ローヌ」とラベルに記された入門編からのお試しをお薦めする。E.ギガルはローヌ地方屈指の知名度を誇る大手生産者。ローヌ北部に本拠を置き、シラー主体でつくるこの赤ワインは色が非常に濃く、果実の甘さとスパイシーさが絡み合う味わいは、太陽の恵みをいっぱい浴びて育ったぶどう畑の情景を思い起こさせる。

生産者：E.ギガル社
アルコール度数：14％未満
色：赤　参考価格：2100円
輸入元：ラック・コーポレーション

甘辛度：甘□□□■□辛
ボリューム：軽□□□■□重

# ラングドック&ルーション
# 南西地方
# プロヴァンス
*Languedoc-Roussillon / Sud-Ouest / Provence*

## 【ラングドック&ルーション】

　おいしいけれど肩がこらず、値段も手ごろなワインを飲みたいと思ったら、このエリアのものを選ぶと当たり外れが少ないだろう。フランス最南端に位置するこの生産地は、スペインの国境から東はローヌ河口付近まで地中海に沿って広がっている。主力は赤ワイン。グルナッシュ、カリニャン、シラー、ムールヴェードル、サンソーなどの品種からつくられるワインは、家庭料理などと合わせるのにぴったり。最近はそんなデイリータイプに加えて、高級志向のワインづくりを行う生産者も増え、格付けなどの型にはまらない、バラエティに富んだ個性あるワイン選びが楽しい。

## 【南西地方】

　ボルドー地方の東から南のピレネー山脈にかけての丘陵地帯に点在する産地。昔からの地元品種が残る地域も多く、例えば黒ワインといわれる「カオール」(P77) や、タナ種主体の赤を産する「マディラン」などがあげられる。ちなみにタナ種は、赤ワインに含まれるポリフェノール類のうちでもオリゴメリック・プロシアニジン (OPC) が多く含まれ、心筋梗塞などの予防効果を期待できるとの研究結果が英国ロンドン大学の研究チームによって発表されている。

## 【プロヴァンス地方】

　地中海に面したこの地方はフランスで紀元前からすでにフェニキア人によってワインづくりが始まっていたとされる。ロゼを中心に、軽くて口当たりのフレッシュなテーブルワインが多いが、近年は高級ワイン (P78) の生産も増えている。

> フランス
# CUVÉE GRANAXA
## キュヴェ グラナクサ

ラングドック ▶ ミネルヴォワ

## 闇に浮かび上がる
## 真紅のバラが印象的な
## ミネルヴォワのワイン

**品種**

グルナッシュ主体、シラー

　真紅のバラのラベルに思わず飲みたい衝動に駆られる魅惑的なこのワインは、フランス南西部ミネルヴォワのラ・コネットという町でつくられる。この町はローマ時代から窯業でも知られ、畑の中央には古代ローマ人が使用した街道跡が残り、遺跡が発掘されるなど歴史も古い。その地で400年以上続くこの造り手のワインはコクのある赤の生産が主力。ミネラル豊かな石灰岩土壌で育まれたグルナッシュ主体でつくられる赤は、厚みがありつつ酸が全体をひきしめる女性的で古典的な味わい。ラベルのデザインと印象が重なる。

生産者：シャトー クープ・ローズ
アルコール度数：約13%
色：赤　参考価格=2993円
輸入元：アズマコーポレーション

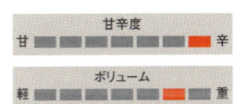

**甘辛度**: 辛寄り
**ボリューム**: 中程度

73

| フランス |

# CORBIÈRES BLANC EN FÛTS
# コルビエール ブラン アン フュ

ラングドック ▶ コルビエール

## 濃いイエロー
## コクがたっぷりの
## コルビエール産白ワイン

**品種**

マルサンヌとルーサンヌ種主体

　山谷と岩だらけの地形に覆われたコルビエール。この白ワインを飲んでいると、そんな荒々しい大地の底に秘められた力強いエキスを味わうような凝縮感がある。チーズと味わえば蜂蜜を思わせるなめらかな甘さを感じ、癖のある魚と合わせると魚の臭みが消えて魚の旨みがひきたち、いなり寿司など甘めな料理と合わせれば、きれいな酸が甘さをしめる。開栓後も数日はしっかりした酒質を保ち、樽熟成によるボリューム感ある味わいは飲みごたえも十分。それでいて粗野でなく気品あるこのワインがデイリー価格なのも嬉しい。

生産者：シャトー サントリオル
アルコール度数：13.5%
色：白　参考価格：2310円
輸入元：ラック・コーポレーション

甘辛度：辛寄り
ボリューム：中程度

**フランス**

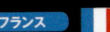

## BLANQUETTE DE LIMOUX ANCESTRALE
# ブランケット ドリムー アンセストラル

ラングドック ▶ ブランケット ドリムー メトード アンセストラル

# シャンパンより歴史の古い
# スパークリングの元祖
# アンセストラル方式のリムー

**品種**

モーザック

　修道士ドン・ピエール・ペリニョンの発明によるシャンパンの誕生に先立つこと100年以上前から発泡性ワインがつくられていたと伝わるリムー地区。それは1531年、ある修道士により偶然発見された。一次発酵の段階で瓶詰めをし、その過程で発生した泡を閉じこめるアンセストラル方式だ。泡をつくるための酵母やリキュール添加はしないため、発泡ワインに期待されがちな、のど越し勝負の味ではない。穏やかな泡立ちの中に溶け込んだぶどうのほの甘い香りと味わいが体になじむ初々しい仕上がり。低アルコールでとくに女性向き。

生産者：ジャン バブー
アルコール度数：6.5％
色：白　参考価格：2310円
輸入元：木下インターナショナル

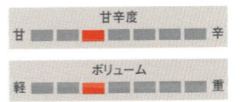

**甘辛度**
甘 ■■■□■ 辛

**ボリューム**
軽 ■■■□■ 重

75

## フランス
## COTES CATALANE ROUGE "ROMANISSA"
## コート カタラン ルージュ ロマニッサ

ルーション

### 南仏の負のイメージを覆す
### ナチュラルでやさしい
### 森を抜ける風のようなワイン

**品種**

グルナッシュ主体、カリニャン、ムールヴェードル

　南仏の赤ワインというと、一般には濃厚でボリューム感たっぷりというイメージを浮かべがちだが、そんな想像に反してこのワインは、ひと口めのアタックが驚くほどおとなしい。ナチュラル、そしてエレガントである。時間がたつにつれ、きれいな味わいが体にしみてきて心地よさの余韻が長い。地域や品種について抱いていた曖昧な先入観を覆してくれるワインだ。「樽は容器であり、風味を出すようでは困る」というコメントに代表される造り手の「本来のルーションらしさを表現してゆく」という哲学は、飲めば確かに実感できる。

生産者：ドメーヌ マタッサ
アルコール度数：13.5%
色：赤　参考価格：4200円
輸入元：ヴォルテックス

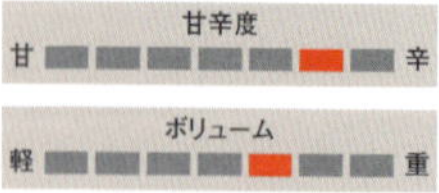

甘辛度　甘 — 辛
ボリューム　軽 — 重

フランス
## CAHORS
# カオール

南西地方 ▶ カオール

## 黒ワインの別名もある
## オーセロワ主体の赤
## 地材トリュフとも相性よし

**品種**

オーセロワ主体、メルロー

　フランス南西部を代表するワイン産地カオール。この地域一帯はトリュフやフォアグラの特産地でもある。日本では高級な食材のイメージがあるが、地元ではさりげなくオムレツやサラダの具に使われていたりする。そんな贅沢な郷土食と相性抜群のカオールのワインは、地元ではオーセロワと呼ばれるマルベック種を使った赤のみを産し、色調が深いために黒ワインとも呼ばれる。ピネレは当地を代表する老舗の生産者。色は濃いが荒さはなく、上質な酸と旨みがきれいに溶け合った伝統的なカオールの味わいを生み出している。

生産者：シャトー ピネレ
アルコール度数：12.5%
色：赤　参考価格：2100円
輸入元：ラック・コーポレーション

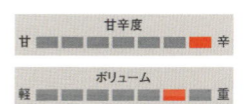

**甘辛度**
甘 ■■■■□ 辛

**ボリューム**
軽 ■■■□■ 重

# BANDOL ROUGE
## バンドール ルージュ

フランス

プロヴァンス ▶ バンドール

## 高級リゾートエリア プロヴァンスを代表する 高級赤ワイン

**品種**
ムールヴェードル主体、グルナッシュ

ニースやモナコなど高級リゾートのイメージが強いプロヴァンス。ワインについてはデイリータイプ、とくにロゼの生産が比較的多いが、バンドールにおいては「フランスを代表する赤」とも評されるムールヴェードル主体の赤を産する。本来扱いにくいとされる品種だが、バンドールの気候風土とはよく合って偉大なワインを生み出している。なかでもトップクラスの生産者がピバルノン。ムールヴェードルを9割以上用いた赤は上質なチョコレートを思い出すような甘苦さ、なめらかさ、やわらかさが感じられ、あとを引く。

生産者：シャトード ピバルノン
アルコール度数　15％未満
色：赤　参考価格：5250円
輸入元：ラック コーポレーション

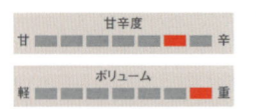

甘辛度　甘─辛
ボリューム　軽─重

# イタリア
*Italy*

# イタリアワインの基礎知識

 イタリアワインを理解しようとすればするほど、種類の多さ、独自の個性とそのおびただしさにめまいを覚える。イタリアにもワイン法は存在するものの、それにこだわるイタリア人はあまりいない。最初はある程度メジャーなワインで基礎を押さえ、徐々に応用編へ、あとは乱飲みでもよいから経験値を重ねてゆくと、理屈はよくわからなくても、なんとなく体がイタリアワインを理解してくるようになるはずだ。イタリアは郷土料理も充実している。イタリア人にいわせれば「イタリア料理なんてない。あるのは各州の料理だけ」というくらい郷土色が豊かであり、その料理には間違いなく同じ土地のワインが合う。近年、日本でもバラエティに富んだイタリアワインが楽しめるようになった。イタリアはよくも悪くも「いい」加減。格付けと形式にとらわれすぎず基本を押さえたら、あとは自分流儀で隠れた名品との出会いを楽しみたい。

## おもな産地

### 【ピエモンテ州】

イタリアを代表する銘醸地。主要品種はバローロ、バルバレスコを生むネッビオーロ（P82）。最近はアルネイス（P82）など個性ある白も注目されてきている。

### 【トスカーナ州】

キャンティやブルネッロ ディ モンタルチーノは、地元品種でつくられる州の代表的な赤。一方でフランス系品種を主役に格付けにとらわれない「スーパー タスカン」（P94）がこの地で生まれた。

### 【ヴェネト州】

ソアーヴェなど、濃すぎず、ソフトでやさしいタイプが多いが、アマローネのように厚みを備えた赤もある。

### 【南イタリア】

全体に日常ワインとして楽しめる陽気なワインが多いが、近年、高級ワインの生まれる気運も高まっている。

## 格付け

最上級ワインのDOCG（統制保証原産地呼称）を頂点に、それにつぐDOC（統制原産地呼称）ワイン、産地表示付きのテーブルワインIGT、産地表示のないテーブルワインVdT（ヴィーノ・ダ・ターヴォラ）のカテゴリーがある。2009年8月のEUワイン規定の改正に準じて、DOCGとDOCが統合されてDOP（保護原産地呼称）に、IGT ⇒ IGP（保護地理表示）に、VdT ⇒ Vino（ヴィーノ）に変更されている。

イタリアワインの基礎知識

## イタリアのぶどう品種

ぶどう品種の多様性という点でワインを語り始めたら、おそらくイタリアの右に出る産地はないのではないか…と思うほどその種類は多い。「ぶどう品種の世界最大の貯蔵庫」ともいわれ、その数は2000種をこえるという説もある。イタリア各地に長く生き続けてきたそれらの品種は、イタリア人が誇るイタリアワインらしさの象徴でもある。そのほんの一部、知名度の高い在来品種をあげてみよう。

### ネッビオーロ(赤)

世界最高の赤品種に数えられる。ピエモンテ州が誇るバローロ、バルバレスコ（P85、P86）などに使われ、十分なタンニンと酸が得られるため長命なワインを生む。ぶどうの名は、晩秋のネッピア（霧）が出始める時期にぶどうを収穫することに由来する。

### バルベラ(赤)

ピエモンテ州が主産地。タンニンは少なめで酸が強く、しっかりとした果実味豊かな味わいを生む（P87）。

### ドルチェット(赤)

長きにわたりバローロやバルバレスコの産地であるランゲ地区で、日常のワインとして飲まれてきた伝統品種。いきいきとした果実味にあふれている（P88）。

### アルネイス(白)

近年復活を遂げて成功している品種。おもに砂地で栽培され、近年人気の高まっているロエロ アルネイス（P89）の主原料となる。

### コルテーゼ(白)

ピエモンテ州がおもな産地。ワインではガヴィが有名。

### サンジョヴェーゼ(赤)

イタリアを代表する品種で、とくにトスカーナ州で主要な位置を占め、キャンティ クラシコ（P93）などを生む。

### ガルガネガ(白)

ヴェネト州で多く栽培され、ソアーヴェなどに使われる（P96）。

### コルヴィーナ（赤）
アマローネ（P97）などの原料に使われる。

### フリウラーノ（白）
フリウリ・ヴェネツィア・ジュリア州が主産地。ミネラル感のしっかりした辛口の白ワインを生む。

### ランブルスコ（赤）
エミリア・ロマーニャ州が主産地。おもに弱発泡性の赤ワイン、ロゼの原料として使われる。

### アルバーナ（白）
エミリア・ロマーニャ州の伝統品種。DOCGの「アルバーニャ デ ロマーニャ」の主原料。

### トレッビアーノ（白）
中部イタリアが主産地。おもに若飲みタイプの原料となる。

### モンテプルチアーノ（赤）
アブルッツォ州が主産地。同ワイン名の主原料となる（P102）。

### アリアニコ（赤）
南部とくにカンパーニャ州やバジリカータ州で栽培される。濃厚で個性の強い赤ワインとなる（P100）。

### プリミティーヴォ（赤）
プーリア州が主産地（P101）。

### グレコ（白）
ギリシャが起源とされ、おもにカンパーニャ州で栽培される。この品種による代表的ワインはDOCGの「グレコ ディ トゥーフォ」。

### ヴェルメンティーノ（白）
サルディーニャ州、リグーリア州などがおもな生産地。ハーブの香りなどを含むフレッシュな味わいの白を生む。

### ネロ・ダーヴォラ（赤）
シチリアを代表する赤の地元品種（P103）。

# ピエモンテ
## *Piemonte*

　北西イタリアに位置するピエモンテ州は、トスカーナと並ぶ高品質ワインの産地。ランゲ地区はその心臓部にあたる。ここは北イタリアで最も洗練された赤ワインの生産地であり、バローロ、バルバレスコはその頂点に立つ。この両者のワインを生み出す品種はネッビオーロである。一般に気難しいといわれるこの品種は、ランゲ地区においては見事に成熟する。同地区ではネッビオーロ以外に、バルベラ、ドルチェットの品種も栽培される。両者からつくられるワインは、ともに地元では長く愛飲されてきた。

　ネッビオーロは、ぜひとも試してみたい品種だが、バローロ、バルバレスコにおいては値も張り、容易には手が出せない。そこで品種の個性を知る入口としてお薦めの方法は、「ランゲ ネッビオーロ」とラベルに記された、バローロ、バルバレスコの両地区を含む広域のランゲ地区で栽培されるネッビオーロからつくられたワインを試してみること。格付け的にはバローロ、バルバレスコより下がるし、長期熟成という意味では一歩譲るかもしれないが、優れた生産者のものは品質的にも期待でき、お値打ち感が高い。

　ピエモンテ州は総じて赤が中心だが、白も生産している。辛口では「ロエロ アルネイス」や、コルテーゼ種でつくる「ガヴィ」が有名。甘口では、モスカート ビアンコ種からつくられる弱発泡性の「モスカート ダスティ」などが知られている。

**イタリア**

# BAROLO BRUNATE
## バローロ ブルナーテ

| DOCG | ピエモンテ州 ▶ バローロ |

## ネッビオーロ種で つくられるワインの中で 最高峰に位置する高貴な赤

**品種**

ネッビオーロ

　村の名に由来するバローロはイタリアで最も偉大と評される赤のひとつ。「ワインの王、王のワイン」はバローロの決まり文句になっているが、伝統派、現代派など生産者の主義や畑により味のスタイルに差異があるので、できれば複数を飲み比べたい。マルカリーニのワイン生産は19世紀後半に始まり、伝統に厳格に従った技法を守り続けている。バローロらしいリッチな風格はあるが、時とともにやや近寄りがたい硬いタンニンがやわらぎ和む。洗練された高貴さと温和さを併せ持つ上品なスタイルは、口になじみ魅了される。

生産者:マルカリーニ
アルコール度数:14%
色:赤　参考価格:7350円
輸入元:ラシーヌ

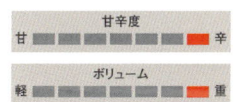

**甘辛度**
甘 ▭▭▭▭◼ 辛

**ボリューム**
軽 ▭▭▭▭◼ 重

# BARBARESCO
## バルバレスコ

イタリア

ピエモンテ州 ▶ バルバレスコ　　　　　　　　　　　　　　DOCG

## バルバレスコの歴史を築いた偉大な協同組合は今も名高い生産者

**品種**

ネッビオーロ

　バルバレスコはバローロと並ぶピエモンテきっての高級赤ワインの名産地。とはいえ1894年までは当地区のワインがバローロとして売られる時代が続いていた。ところがこの年にカヴァッツァ博士が地元ぶどう生産者の協同組合を設立。氏の支援によりバレバレスコの名での発売が実現したのである。今日のバルバレスコの名声の基礎を築く存在となったこの生産者協同組合は今も健在。バルバレスコ地区の主要な生産者に数えられ、著名なワインガイドやワイン評論家にも高い評価を得ている。しかし値段はきわめて良心的である。

生産者：プロドゥットーリ デル バルバレスコ（バルバレスコ生産者協同組合）
アルコール度数：14％
色：赤　参考価格：5344円
輸入元：ミレジム

甘辛度：辛寄り
ボリューム：重寄り

**イタリア**

## CAMP DU ROUSS BARBERA D'ASTI
### カンプ デュルス バルベラ ダスティ

DOC ※2008年からDOCGに昇格　　ピエモンテ州 ▶ バルベラ　ダスティ

# 志高い生産者の手により
# バルベラの本質が
# 見事に表現された赤

**品種**

バルベラ

　イタリアでは品種と産地を組み合せたワイン名が多い。例えばアスティ地方でつくるバルベラ品種の赤だからバルベラ ダスティ。アルバ産ならバルベラ ダルバとなる。このバルベラは農民のワインとしての歴史が長く、酸の強い安ワインと低評価されていた。そんな中でこの品種を大切にしてきた生産者によって高い潜在能力が引き出され、変身を遂げる。1892年創立の歴史あるコッポ社もそんな熱心な生産者のひとりである。濃厚で豊かな果実味を支えるきれいな酸が実に印象的。バルベラの長所を最大限にいかしたワインといえる。

生産者：コッポ社
アルコール度数：13%
色：赤　参考価格：3780円
輸入元：仙石

**甘辛度**　甘 ─ ─ ─ ─ ■ 辛
**ボリューム**　軽 ─ ─ ■ ─ ─ 重

# DOLCETTO D'ALBA
# ドルチェット ダルバ

ピエモンテ州 ▶ ドルチェット ダルバ　　　　　　　　　　　DOC

## バローロの名手が手がける秀逸なドルチェット

品種

ドルチェット

生産者：エリオ アルターレ
アルコール度数：13%
色：赤　参考価格：3360円
輸入元：ラシーヌ

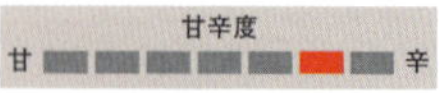

甘辛度
甘 ■■■■□■ 辛

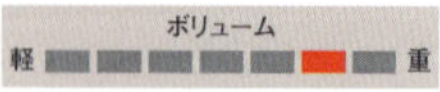

ボリューム
軽 ■■■□■■ 重

　ドルチェット種を原料としたアルバ地区のワイン。当地区では最上の地にバローロ用にネッビオーロ種が栽培されるが、同じ造り手がドルチェット種も植えるケースが多い。従っておいしいドルチェットを入手するコツはバローロやバルバレスコの名手を選ぶことだといわれる。エリオ アルターレはまさにそんな生産者のひとり。比類なきバローロと評される氏の手がけるドルチェットは、果実味豊かな品種の魅力をより洗練させた仕上がり。骨太で肉厚タイプとは一線を画す、やわらかでやさしい雰囲気を醸し出している。

# CECU ROERO ARNEIS
## チェク ロエロ アルネイス

DOCG ピエモンテ州 ▶ ロエロ

## ロエロ地区が誇る 香り豊かな白は ゆったりとした味わい

**品種**

アルネイス

　アルネイスとはピエモンテの方言で厄介者などの意味。それほど栽培が難しい品種のため絶滅に瀕した時期もあったが、ロエロ地区でみごと甦り、2004年にはDOCGの地位を獲得した。香りも味も印象は深い。パイン？ ピーチ？ 香ばしいアーモンドのような匂いも混じる。味はとろっと濃厚、上質な蜂蜜を思わせる甘さと柑橘系果物の皮を嚙んだときのような酸味とほろ苦さが溶け合う、贅沢な味があふれ出す。こうした味の膨らみと奥行きが樽を使うことなしに醸し出されていることにも驚かされる。

生産者：モンキエロ カルボーネ
アルコール度数：13.5%
色：白　参考価格：3675円
輸入元：アルトリヴェッロ

**甘辛度**
甘 ─────── 辛

**ボリューム**
軽 ─────── 重

# トスカーナ
*Toscana*

　ルネッサンスの都フィレンツェはトスカーナの州都。その周辺はなだらかな丘が波打つ田園風景と、広大なぶどう畑が続き、まさにこの一帯がイタリアワイン産地の大動脈であることを実感する。

　現在トスカーナにおけるワイン産地は大きく海側と内陸側に分かれている。海側は近年、急速にワインづくりが発展した土地であり、ボルゲリ地区はその先駆けとなった。従来のイタリアワイン法の枠にとらわれない、フランス系のぶどうを主体にした格付け規格外の高級ワインがこの土地から登場し、「スーパー タスカン」として話題を呼んだ。サッシカイアはその第一人者として知られる。

　一方で、古くからトスカーナにおいてワインづくりが続けられてきた中央丘陵部では、地元品種を主体にしたワインの生産が中心であり、キャンティ クラシコはその代表銘柄であった。キャンティとはフィレンツェからシエナまでの丘陵地の名前である。キャンティ クラシコはその心臓部の DOCG 地区を指す。地区名と同名のこのワインは、ブレンド法などの問題から、安酒と見下された時代もあったが、海岸地区のスーパー タスカンの登場により、イタリア独自の伝統品種をいかしたワインづくりへの意識に目覚め、サンジョヴェーゼを使った優れたキャンティ クラシコをつくる生産者も登場するようになり、新旧が入り混じる進展が続いている。サンジョヴェーゼ種から派生した品種ブルネッロによるブルネッロ ディ モンタルチーノも、トスカーナが誇る赤ワインとして知られる。

イタリア

# BRUNELLO DI MONTALCINO
## ブルネッロ ディ モンタルチーノ

DOCG  トスカーナ州 ▶ ブルネッロ ディ モンタルチーノ

## バローロ、バルバレスコと並ぶ偉大なイタリア三大ワインのひとつ

**品種**

ブルネッロ

トスカーナの代表品種サンジョヴェーゼのクローンを原料につくられる長熟型の高級赤ワイン。このクローンを発見したビオンディ=サンティ家は、ブルネッロという新銘柄のワインをつくり、その名声と価格を天までのぼらせたブルネッロ生みの親として讃えられる。その後イタリアワイン流行の波もあり、ブルネッロは引く手あまたの高級ワインのひとつとなった。力強さはあるがひと口めにがつんとくるアタックの強さは感じない。長い熟成により培われた骨格のたくましい味わいは、ゆっくり飲み進むほどに深く静かに伝わってくる。

生産者：イル コッレ
アルコール度数：13.5％
色：赤　参考価格：6090円
輸入元：ヴィナイオータ

甘辛度：辛寄り
ボリューム：中程度〜重

## イタリア

### VERNACCIA DI SAN GIMIGNANO
# ヴェルナッチャ ディ・サン・ジミニャーノ

トスカーナ州 ▶ ヴェルナッチャ ディ・サン・ジミニャーノ　　DOCG

## 魚介や甲殻類と好相性 ほのかなアーモンドの 香りも印象的

**品種**

ヴェルナッチャ

　12世紀末ごろからすでにローマ法王や貴族たちに知られ、ダンテの作品にも記述があるなど長い履歴を持つ。ワインの中にはどんな料理の相方役もこなせる万能選手がいるが、このワインは逆である。料理を選ぶ。とくに魚介や甲殻類との相性は抜群である。以前トスカーナを旅行中、海老にこのワインを合わせたらあまりにおいしくて、ついボトル1本を飲みほしてしまった記憶は今も鮮明だ。もっとも生産者によって味に差異はあり、テルッツィ&ピュトーはヴェルナッチャのお手本的地位にある。しかもリーズナブル。

生産者：テルッツィ&ピュトー
アルコール度数：12.5%
色＝白　参考価格：2000円台
輸入元＝三国ワイン

甘辛度：甘 ― ― ― ― 辛（辛寄り）
ボリューム：軽 ― ― ― ― 重（中程度）

## イタリア
# CHIANTI CLASSICO
# キャンティ クラシコ

| DOCG | トスカーナ州 ▶ キャンティ クラシコ |

## 優秀な生産者を選べばサンジョヴェーゼ本来の個性の魅力が堪能できる

**品種**

サンジョヴェーゼ主体

　キャンティは最も知名度の高いイタリアワインのひとつ。単にキャンティという名のワインもあるが、クラシコはえり抜き地区を指し、単なるキャンティよりランクが高い。このワインはブレンドスタイルの規制をめぐり紆余曲折の歴史があり、銘柄の権威を失いかけた時代があったが、本領発揮の鍵はサンジョヴェーゼにあるという声が高まり、その比率も高まって再評価される方向にある。サンジュストはサンジョヴェーゼの使い方が抜群に優れた造り手。温かく豊満、贅沢な気持ちになれる味わいが印象的である。

生産者：サン ジュスト ア レンテンナーノ
アルコール度数：14％
色：赤　参考価格：3465円
輸入元：オーデックス・ジャパン

**甘辛度**　甘 □□□□■□ 辛

**ボリューム**　軽 □□□■□□ 重

93

# イタリア
## SASSICAIA
## サッシカイア

トスカーナ州 ▶ ボルゲリ サッシカイア　　　　　　　　　DOC

## イタリアの伝統を覆した革命ワイン スーパー タスカンの元祖

**品種**

カベルネ・ソーヴィニヨン主体、カベルネ・フラン

　20世紀初めまでワインづくりにおいて何の伝統もなかったボルゲリという海岸近くの土地に、ボルドーの1級シャトー、ラフィット ロートシルトからぶどうの木を取り寄せてワインをつくった故マリオ・インチーザ・デッラ・ロケッタ侯爵は、そのワインをサッシカイアと名づける。格付け上はテーブルワインだったが国際的に高く評価されて値段は高騰。伝統にとらわれないこの革命的ワインは大成功をおさめ「スーパー タスカン」と呼ばれた。追随する生産者は相次いだが、元祖サッシカイアは不動の地位と名声を保ち、DOCに格上げされている。

生産者：テヌータ サン グイド
アルコール度数：13.5%
色：赤　参考価格：1万8000円前後
輸入元：エノテカ

甘辛度：辛寄り
ボリューム：重寄り

# ヴェネト
## Veneto

　ヴェネト州は、ヴェローナの北の丘陵地を中心とするワイン産地である。ヴェローナといえば『ロミオとジュリエット』ゆかりの観光地として知られるが、ワインの町としてもたいへん名高い。毎年4月には「ヴィニタリー」といわれる、世界的に有名なイタリアワインフェアが開催され、世界中から多くのバイヤーや生産者、ジャーナリスト、ワイン愛好家が集まり賑わう。日本から出向く参加者も多いようだ。
　ワインは赤、白ともに生産されていて、種類もバラエティに富んでいる。赤は濃厚で押しの強いものよりは、ほどほどにコクがあるタイプが主流となる。白は軽やかで繊細、やさしく上品なスタイルのものが多い。例えば代表的な白は、辛口の「ソアーヴェ」、フレッシュで辛口な発泡性ワイン「プロセッコ」など。どちらも日常的に気軽に楽しめて、味のバランスがよい。食事の味を邪魔しない食中酒としても活躍してくれるし、夏に軽く冷やして、のどの渇きを潤すのにも重宝する。
　一方赤なら「ヴァルポリチェッラ」。コルヴィーナ、ロンディネッラ、モリナーラのぶどうをブレンドしてつくられるこのワインは、軽すぎず重すぎず均整のとれた味わいが嬉しい。ヴァルポリチェッラの一種である「アマローネ」も見逃せない。干しぶどうを使ったアマローネは、ヴェネトが誇る風格ある赤ワインとして知られる。

# SOAVE
## ソアーヴェ

ヴェネト州 ▶ ソアーヴェ　　　　　　　　　　　　　DOC

## 暑い夏にきりっと冷やして飲みたいカジュアルな白

**品種**

ガルガネガ主体

　ヴェネト州を代表する都市のひとつヴェローナといえば『ロミオとジュリエット』ゆかりの地。そしてこの周辺はソアーヴェの故郷でもある。イタリア語で「甘美」などを意味するソアーヴェは古くから地元で白の地酒として親しまれてきた。なかには水のようにシャバシャバとした低レベルなものもあるが、優れた造り手のものはシャープな切れ味と繊細な酸味、ミネラルの味わいがのどをさわやかに通り抜けて心地よい。サンアントニオのワインもまさにそんな印象で夏にぴったり。高原できりっと冷やして飲めば最高。

生産者：テヌータ・サンアントニオ
アルコール度数：12％
色：白　参考価格：1470円
輸入元：モトックス

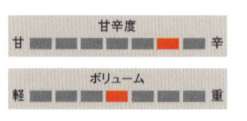

甘辛度：辛寄り
ボリューム：中

## AMARONE DELLA VALPOLICELLA
## アマローネ デッラ ヴァルポリチェッラ

イタリア

DOC　　　　　　　　　　　　　　ヴェネト州 ▶ ヴァルポリチェッラ

## 陰干しぶどうでつくる濃厚な高級辛口ワイン甘苦の妙がたまらない

**品種**

コルヴィーナ主体、ロンディネッラなど

　アマローネという響きからなにやら甘いワインを想像するが、言葉の語源は「苦み」を意味するアマロに由来する。陰干しによって糖度を高めたぶどうを辛口になるまで発酵させたワインのこと。高い糖分のほとんどがアルコール分になるのだから度数も高い。味わいもこの上なく濃厚で、まさに甘苦さの共演ともいうべき力強さがのどの奥を熱くする。若干値段は高めだが、甘苦さをスパイスにしたイタリア特有の風味を一度は試してみたい。サンアントニオは新進気鋭のアマローネの造り手として高く評価されている。

生産者：テヌータ・サンアントニオ
アルコール度数：15.2％
色：赤　参考価格：5985円
輸入元：モトックス

甘辛度　甘 □□□□■□ 辛
ボリューム　軽 □□□□■□ 重

# PROSECCO CONEGLIANO VALDOBBIADENE
## プロセッコ コネリアーノ ヴァルドッビアーデネ

ヴェネト州 ▶ コネリアーノ ヴァルドッビアーデネ　DOC　※2009年からDOCGに昇格

### プロセッコ種を主体につくられるスパークリングワイン

**品種**

プロセッコ主体

　プロセッコという土着品種でつくられるスパークリングワイン。香りはきわめてフルーティー。甘いりんごのような華やかな匂いに、甘口ワイン？　と思いきや意外にもきりっと辛口。夏にきっちり冷やしてのどを潤したいときに最適。料理はこってり系より野菜料理や和食などと合う。イタリアの発泡性ワインというとフランチェコルタも有名だけれど、プロセッコのよさはなんといっても質と価格のバランス。ビールより少しおしゃれに乾杯を、あるいは上質なシャンパンが飲みたいけど少し節約して…という場面でもぜひ。

生産者：レ マンザーネ
アルコール度数：11.5%
色：白　参考価格：2415円
輸入元：アルトリヴェッロ

甘辛度：甘 — 辛（辛寄り）
ボリューム：軽 — 重（中間）

# 南イタリア
*Southern Italy*

　南イタリアに入ると、中部や北部で栽培されていたぶどう品種はほとんどみられなくなり、南部イタリアの品種が繁栄するようになる。南部の傾向として、かつては樽売りの日々が続き、質より量の時代もあったようだが、近年、量産ワインから離れ、伝統品種をいかした質の高いワインがより多くみられるようになった。

　例えば、南イタリアでは数少ないDOCGワインのひとつ「タウラージ」の主要品種はアリアニコである。ギリシャから来たと伝えられるこの品種は南イタリアですでに紀元前6世紀ごろには栽培されていたという長い歴史を持つようだが、評価が高まりタウラージとしてDOCGに昇格したのは1993年のこと。またタウラージが属するカンパーニャ州の隣のバジリカータ州でも、このアリアニコ種を使った「アリアニコ デル ヴルトゥレ」というワインが生産されており、こちらのワインは1971年にDOCに認定されている。南イタリアならではのやわらかなボリューム感に満ちた味わいが魅力的だ。

　靴の形をした本土に蹴飛ばされるような位置にあるシチリア島のワインもまた独特である。ネロ ダーヴォラをはじめ、島独自の伝統品種をいかしたワインづくりに磨きがかかり、他所の高名なワインに媚びたところのない独自性を発揮している。

# TAURASI RADICI
## タウラージ ラディーチ

イタリア

カンパーニャ州 ▶ タウラージ　　　DOCG

## ギリシャ由来の伝統品種アリアニコでつくる最高格の赤

**品種**

アリアニコ

　アリアニコというぶどうはギリシャ人によりもたらされ、カンパーニャ州やバジリカータ州などの南イタリアを中心に古くからワインづくりに用いられてきた。この品種の生育にとってとくに好条件とされる地区の名をとって「タウラージ」と銘打ち、世に送り出したのがマストロベラルディーノ社である。情熱ある貢献をきっかけにタウラージの評価は高まり、1993年にはアリアニコ種による赤ワインで唯一のDOCG昇格に至る。味わいは力感にあふれ濃密。独特のエキゾチックな香りも印象的。こってりとした肉料理がほしくなる。

生産者：マストロベラルディーノ社
アルコール度数：13.4%
色：赤　参考価格：5040円
輸入元：モトックス

甘辛度：甘 ━━━━━ 辛
ボリューム：軽 ━━━━━ 重

## イタリア
# PRIMITIVO DI MANDURIA
# プリミティーヴォ ディ マンドゥーリア

| DOC | プーリア州 ▶ プリミティーヴォ ディ マンドゥーリア |

## アメリカのジンファンデルと同一品種といわれる南イタリアらしい陽気な赤

**品種**

プリミティーヴォ

　プリミティーヴォはカリフォルニアのジンファンデルと同一品種であることが知られている。1968年にカリフォルニアの大学教授がプーリアでプリミティーヴォを飲んだときにジンファンデルを思わせる風味を感じ、調査を行ったところ判明した。けれど実際にジンファンデルと飲み比べると味の印象はだいぶ違う。プリミティーヴォは全体に曖昧な印象がなく、南イタリア育ちらしく明るくて親しみやすい。熟した森の果実を思わせるジューシーさもあって、スパイスのきいた肉料理にからめて味わってもおいしくいただけそう。

生産者：ポッジョレ ヴォルピ
アルコール度数：14%
色：赤　参考価格：1575円
輸入元：フードライナー

甘辛度：（中央やや辛寄り）
ボリューム：（中央）

101

**イタリア**

# AIRES MONTEPULCIANO D'ABRUZZO
## アイレス モンテプルチアーノ ダブルッツォ

アブルッツォ州 ▶ モンテプルチアーノ ダブルッツォ　　DOC

## 素直においしいと思える
## ソフトで親しみやすい
## 上質の旨安ワイン

**品種**

モンテプルチアーノ

　モンテプルチアーノ ダブルッツォは、モンテプルチアーノという品種を主体に、アドリア海沿岸の村で産される赤ワイン。レベルの高い旨安ワインを探そうと思ったら、これを選べば失敗は少ない。やわらかなタンニン、豊かな果実味、軽やかではあるけれど肉料理を受けとめるほどの味の厚みもあり、舌ざわりはなめらかだ。味全体の構成要素のバランスがきれいにまとまって、のみ手の気持ちが陽気になるような親しみある味に仕上がっている。フォッソ コルノが手がけるこのワインは、重すぎず、きれいな酸味が味わいに一層の品を感じさせる。

生産者：フォッソ コルノ
アルコール度数：12.5%
色：赤　参考価格：1575円
輸入元：アルトリヴェッロ

甘辛度　甘 ─ 辛
ボリューム　軽 ─ 重

# NERO D' AVOLA
## ネロ ダーヴォラ

| IGT | シチリア州 ▶ シチリア |

## 伝統品種の宝庫
## シチリアが誇る赤
## ネロ ダーヴォラ

**品種**

ネロ・ダーヴォラ

　国内ワイン生産量1位、伝統品種の宝庫のような土地であるシチリア島。ネロ・ダーヴォラはその代表品種のひとつである。シチリアが誇る赤品種で、ブレンドに使用されることもあるが、単一でつくられるネロ ダーヴォラは、土着品種ならではのおいしさがあふれている。植物画のラベルがチャーミングなこのワインもしかり。熟成に樽を使わないため完熟した果実本来の持つ明るさ、やわらかさ、スパイス感などの個性が明快に伝わってくる。イタリアでありながら、本土にはない島独自のニュアンスがその風味から感じとれる。

生産者：カンティーネ コロージ
アルコール度数：14.3%
色：赤　参考価格：1838円
輸入元：モトックス

**甘辛度**
甘 ■■■□■ 辛

**ボリューム**
軽 ■■□■■ 重

# まだあるイタリアらしい個性的なワイン

### フリウラーノ（白）
　イタリア北東の端、スロヴェニアとオーストリアに接するフリウリ ヴェネツィア ジュリア州は、総じて白ワインが優れているが、なかでもフリウラーノはこの地における優れた伝統品種として評価されている。この品種による白ワインは、ミネラル感が豊かで厚みもあり、ハーブや塩だけで料理されたチキンやチーズ料理などとの相性がよい。

### ヴェルメンティーノ（白）
　ヴェルメンティーノは、サルディーニャ州、リグーリア州、トスカーナ州で多くみられる品種で、リグーリア起源説など諸あるが、生産量ではサルディーニャ州が多く、南イタリアでは数少ないDOCG「ヴェルメンティーノ ディ ガッルーラ」に格付けされている。さわやかな果実味にあふれ、魚料理をひきたてる。

### ランブルスコ（赤）
　エミリア ロマーニャ州で栽培されるランブルスコ種からつくられる弱発泡性のワイン。アルコール度数は低め。

### ガヴィ（白）
　ピエモンテ州でつくられる辛口の白。コルテーゼ種を使い、切れ味のよい、すっきりした味わい。

### モスカート ダスティ（白）
　モスカート ビアンコ種による甘口の微発泡性ワイン。アルコール度数は低め。軽快かつ洗練された味わい。

### アリアニコ デル ヴルトゥレ（赤）
　アリアニコ種100％でつくられるバジリカータ州産の赤。構成のしっかりした濃密な味わいを持つ。

### グレコ ディ トゥーフォ（白）
　地元で古くから栽培されている品種グレコを主原料につくられる、カンパーニャ州を代表する白のひとつ。

# ドイツ・オーストリア
### Germany · Austria

# ドイツ
*Germany*

## Map Labels

- Rostock
- Hamburg
- Bremen
- Hannover
- Berlin
- GERMANY
- ザーレ・ウンストルート
- Düsseldorf
- *Elbe*
- ザクセン
- Leipzig
- アール
- Köln
- *Rhein*
- ラインガウ
- *Rheingau*
- Bonn
- ミッテルライン
- *Mittelrhein*
- Frankfurt
- フランケン
- *Franken*
- モーゼル
- *Mosel*
- Nürnberg
- *Main*
- ヴュルテンベルク
- ナーエ
- ラインヘッセン
- *Donau*
- プファルツ
- *Pfalz*
- Strasbourg
- バーデン
- Stuttgart
- *Neckar*
- München

# ドイツワインの基礎知識

ワインの北限エリアといわれるドイツ。ぶどう畑は北緯50度前後の地域に広がり、緯度的には寒冷地だが、暖流などの影響を受けて、生産地の年間平均気温はイタリアのトスカーナとほぼ同じ約10℃を保っている。一般にドイツワインというと日本では甘口の印象を持つ人が多いが、実際は辛口の生産量が半分以上を占める。日照時間の少ないドイツでは、ぶどうはゆっくり成熟するため、酸の分解や糖度の高まりも同じテンポで進み、それが豊かな酸と糖の絶妙なバランスに支えられた、ドイツワインならではのデリケートな味の世界を生む。生産量では世界の約3%にすぎないのに、世界の最高水準の白ワインを産出する名産国として評価される所以でもある。

## おもな産地

ドイツ南西部を中心に、13の産地がある

### 【モーゼル】

ドイツ屈指の銘醸地。スレート土壌で育つリースリングは酸味と甘みの調和が絶妙な優雅な味わいを生み出す（P110〜112、P119）。

### 【ラインガウ】

小エリアながら有名な醸造所が集中し、意識の高い生産者による上質なリースリングがつくられている（P113〜115）。

### 【フランケン】

ライン川支流マイン川周辺に広がる産地。シルヴァーナ種による辛口の白が主流。ボックスボイテルと呼ばれる形の瓶も特徴（P116）。

### 【プファルツ】

全85kmに及ぶドイツワイン街道沿いに広がる産地。最多品種はリースリング。モーゼルなどに比べて味わいは力強い（P117〜118）。

### 【バーデン】

国内の産地では最南端に位置する。リースリングよりもピノ系が多い。

このほか、赤の生産量が多いヴュルテンベルクやアール、国内最大の栽培面積を誇るラインヘッセン、旧東独に2カ所の産地がある。

# ドイツワインの基礎知識

## 格付け

ワイン法の規定で次の4つに分けられる。

**1：ドイチャーターフェルワイン**

**2：ドイチャーラントワイン**

**3：生産地限定上級ワイン＝略称 Q.b.A**

**4：生産地限定格付上級ワイン＝略称 Q.m.P**

1と2は大半が地元で消費される日常用テーブルワイン。4は収穫時のぶどう糖度によってさらに次の6つに分類される。

**1 カビネット　Kabinett**

標準的な高級ワイン。幅広い料理に合わせやすい（P110、111）。

**2 シュペートレーゼ　Spätlese**

遅摘みぶどうでつくるワイン。1のカビネットに比べ凝縮感が強い。

**3 アウスレーゼ　Auslese**

完熟ぶどうでつくられる。香りと味わいが強い。

**4 ベーレンアウスレーゼ　Beerenauslese**

貴腐化したぶどうなどでつくる極甘ワイン。

**5 アイスワイン　Eiswein**

寒波を待って自然凍結した粒を摘んでつくる（P119、120）。

**6 トロッケンベーレンアウスレーゼ　Trockenbeerenauslese**

貴腐ぶどうを選んでつくる。世界三大貴腐ワインのひとつ。

甘・辛口のラベル表記は通常、辛口はトロッケン trocken、中辛口は halb trocken、記載のない場合は甘口に分類される。これに加えて2000年ヴィンテージからは辛ワインであることを指す2つの新カテゴリーも誕生した。

①クラシック…各生産地域でクラシック用に認定された品種を使った中辛口～辛口ワイン（P112）。

②セレクション…畑の指定、収穫量など①よりさらに規定が厳しい高級辛口ワイン。

## おもな品種

### リースリング(白)
　今も昔もドイツを代表する品種。他国でも栽培されているが仕上がるワインの味はだいぶ異なり、ドイツ産のものは総じて豊かな酸と甘さの調和を生命線とする香り豊かなスタイルに仕上がる。甘口から辛口、フレッシュな若飲みのタイプから、アイスワインや貴腐ワインなど極甘口の高級ワインまでスタイルも幅広い。

### ミュラートゥルガウ(白)
　ドイツの生産地域全域で広く栽培されており、別名リヴァーナともいわれる。酸は少なくデリケートなマスカット風味が心地よいフレッシュな辛口に仕上がることが多い。食事にも合わせやすい。

### シルヴァーナ(白)
　フランケン地方を代表する品種。リースリングより酸味が低めで、肉料理にも合うようなコクのある辛口が特徴。

### ケルナー(白)
　赤ワイン用のトロリンガーとリースリングの交配種。リースリングより果実味が強くフルーティー。

### グラウブルグンダー(白)
　フランス語でピノ・グリ。バーデン地域など、ドイツのワイン生産地でも南寄りの地域で生産されることが多く、均整のとれたボリューム感のある辛口の白をつくる。

### シュペートブルグンダー(赤)
　フランス語でピノ・ノワール。ブルゴーニュのピノが醸し出す個性とは違った、独自の味わいを生み出している生産者が多い。ドイツにおける赤ワインの主力品種でもある。

ドイツ

SCHARZHOFBERGER KABINETT

# シャルツホフベルガー カビネット

モーゼル

## 最高峰の畑と著名な生産者によって生まれる比類なきワイン

品種

リースリング

　シャルツホフベルガーはドイツ最高峰と評される畑で、古代ローマ時代にはすでに開墾されていたと伝わる。その偉大なる畑の最大所有者であるエゴン ミュラーは、国内で最も有名な生産者といっても過言ではない。立地条件の恵みと伝統的な醸造方法を守り続けるワインづくりの哲学とがあいまって生まれるワインは、まさに「白ワインの最高峰」と評される。果実の香り高く、心地よい甘さを感じながらも、いきいきとした酸が骨格を支え、酸と甘さの調和が絶妙な、ドイツワインの真髄ともいえる味わいをつくり出している。

生産者:エゴン ミュラー
アルコール度数:8.5%
色:白　参考価格:7040円
輸入元:メルシャン

甘辛度: 甘—辛
ボリューム: 軽—重

**ドイツ**

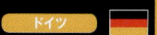

## BERNCASTELER DOCTOR RIESLING KABINETT
# ベルンカステラー ドクトール リースリング カビネット

モーゼル

## 医者も匙を投げた トリアー司教の命を救った 奇跡のワイン

品種

リースリング

　ベルンカステルは、モーゼル川流域を代表する美しいワイン村。なかでも「ドクトール」(医者)と呼ばれる畑は、ドイツで最も価格の高い銘醸畑として知られている。畑名は、14世紀ごろ、近くに住むトリアー司教が不治の病に倒れた際、お見舞いに届けられたワインを飲んで一命をとりとめたことに由来する。重いアルコール感はなく、フレッシュな甘さと、いきいきした酸の軽やかさが口に広がり、味わいはやさしい。飲み疲れしているときの体をも癒してくれるような、エレガントできめ細かな奥行きの深さを持つ中甘口に仕上がっている。

生産者：ドクター ターニッシュ
アルコール度数：8%
色：白　参考価格：4641円
輸入元：ファインズ

甘辛度：(中甘口)
ボリューム：(中程度)

111

## KERN RIESLING CLASSIC
# ケルン リースリング クラシック

モーゼル

## 辛口ドイツワインの ナチュラルなおいしさを 知るのに最適の一本

品種

リースリング

　クラシックというカテゴリーは2000年ヴィンテージから導入されたドイツの辛口〜中辛口ワインの表示。地域の特色そして生産者の味のスタイルを知るのに最も適した定番ワインでもある。モーゼル川中流域に本拠地を持つ当醸造所は、1753年より続く家族経営の由緒ある生産者。モーゼル地区の中でも有名な畑が集中する中流域の一級区画ばかりを所有し、品質の高いぶどうを産する。そのぶどうを使ったワインは、熟したりんごを思わせるアロマ、きれいな酸味が豊かな果実の甘さを支え、ソフトで清楚な辛口に仕上がっている。

生産者：フリードリヒ・ケルン醸造所
アルコール度数：12.5%
色：白　価格：2415円
輸入元：シュピーレン・ヴォルケ

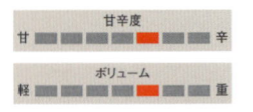

甘辛度：（中寄り）
ボリューム：（中寄り）

## ドイツ
# ROBERT WEIL RIESLING TRADITION
# ロバート ヴァイル リースリング トラディション

ラインガウ

## 天才醸造家とサントリーの絶妙なコンビにより生まれる高貴な甘口

**品種**

リースリング

　1868年設立のロバート ヴァイル醸造所で産したワインは当時、皇帝ヴィルヘルム2世がこよなく愛したと伝えられる。例えば皇帝主催の正餐会メニューにはボルドー五大シャトーの赤と並び、白はヴァイルの名が必ず記されたなど、熱愛ぶりを物語るエピソードは数多い。1988年よりサントリーの所有となったが、管理は創業者の曾孫にあたるヴィルヘルム ヴァイルに任せ、彼の非凡な才能と情熱を全面的にバックアップしてゆく。その体制により国内最高水準の名声を確立した。基本クラスのこのワインはその魅力を知る第一歩。

生産者：ロバート ヴァイル醸造所
アルコール度数：約10％
色：白　参考価格：3181円
輸入元：ファインズ

**甘辛度**: 甘 — 辛
**ボリューム**: 軽 — 重

# RHEINGAU KOSHU MITTELHEIMER EDELMANN
## ラインガウ甲州 ミッテルハイマー エーデルマン

ドイツ | ラインガウ

## ドイツの名醸造家により成長を続けるドイツ育ちの甲州ワイン

**品種**

甲州

　ラインガウの銘醸地ミッテルハイムに拠を構えるショーンレーバー。畑にはリースリング等の品種に混じり日本の甲州が植栽されている。初リリースの2005年以降は順調に生産を重ね、試飲者の間では「ドイツ育ちでありながらドイツワインとは思えず、かといって日本でつくられる甲州とも違う」との感想が。ちなみにこの生産者のリースリングも抜群においしい。特筆すべきは、通常ドイツワインにおいて行う果汁補填(ズースリゼルヴ)を行わずに上質な甘みを生み出していること。栽培と醸造における技術の高さをうかがわせる。

生産者:ショーンレーバー ブリュームライン
アルコール度数:11.5%
色:白　参考価格:8400円
輸入元:木下インターナショナル

甘辛度: 辛寄り
ボリューム: 中程度

ドイツ 🇩🇪

『GB』SAUVAGE RIESLING TROCKEN
## 『ゲーベー』ソバージュ リースリング トロッケン

ラインガウ

## 独自の厳しい品質基準と味のスタイルを持つ辛口リースリングの名手

**品種**

リースリング

　ライン川沿いのリューデスハイムは、ワイン酒場が並ぶ横丁があったり、遊覧船の発着場があるなど観光地としても名高いワイン村。日がな陽気な声や音楽が響く町の中心に佇むゲオルグ ブロイヤーは、リースリングしかも辛口に特化した生産者で知られ、味のスタイルも明確だ。果実味の豊かさ、力強さ、そしてミネラル感。しっかり芯のある味わいは基本クラスのソバージュを試してもよくわかる。格付け上はシュペートレーゼなのにラベルには2ランク下のQbAと記す厳格さ。いろんな意味で主張が感じられるワインである。

生産者：ゲオルグ ブロイヤー醸造所
アルコール度数：約12%
色：白　参考価格：2940円
輸入元：ヘレンベルガー・ホーフ

**甘辛度**
甘 ■ ■ ■ ■ ■ 辛

**ボリューム**
軽 ■ ■ ■ ■ ■ 重

115

🇩🇪 ドイツ

JULIUSSPITAL WÜRZBURGER STEIN SILVANER KABINETT TROCKEN
# ユリウスシュピタール ヴュルツブルガー シュタイン
シルヴァーナ カビネット トロッケン

フランケン

## 文豪ゲーテも愛した辛口の白「シュタイン」

品種

シルヴァーナ

生産者名：ユリウスシュピタール
アルコール度数：12%
色：白　参考価格：4305円
輸入元：八田

甘辛度
甘 ■■■■■■□辛

ボリューム
軽 ■■□■■■■重

　ドイツ中部のフランケン地域は、リースリングよりシルヴァーナ種、甘口より辛口が中心の産地で知られ、ワインの多くはボックスボイテルと呼ばれる独特な形状の瓶に入っている。ユリウスシュピタールは16世紀に設立された醸造所。シュピタールは病院のこと。大司教ユリウスが設立した慈善院を母体とし、病院や養老施設の運営のためにワインづくりを始めて今に至る。この醸造所がある町ヴュルツブルクの高台に位置する銘醸畑シュタイン産のシルヴァーナは文豪ゲーテがこよなく愛したといわれる。ミネラル感あふれる力強い男性的味わいに仕上がっている。

**ドイツ**

PETRI RIESLING SEKT B.A BRUT

# ペトリ リースリング ゼクト b.A ブリュット

プファルツ

## リースリングのよさをあますところなく表現した辛口のスパークリング

**品種**

リースリング

　ドイツでは上級のスパークリングワインのことをゼクトという。まずはゼクトの実力を知る上で飲んでみてほしい一本である。ブリュット（辛口）だけれど刺激的な辛口ではない。果実がもたらす上質かつ繊細な甘さを含みながら、きめ細かな泡とともにのどを通ってゆく爽快感はすばらしく、パーティーなどの乾杯に使うと、おいしい！ と感激の言葉でもりあがる。このゼクトの泡の製法はシャンパン同様の瓶内二次発酵による。複数の品種をブレンドすることが多いシャンパンに対して、こちらはリースリング単一でつくっている。

生産者：ペトリ醸造所
アルコール度数：13%
色：白　参考価格：2940円
輸入元：シュピーレン・ヴォルケ

**甘辛度**
甘　　　　　　　辛

**ボリューム**
軽　　　　　　　重

ドイツ

PETRI HERXHEIMER SPÄTBURGUNDER SPÄTLESE TROCKEN "BARRIQUE"

# ペトリ ヘルクスハイマー シュペートブルグンダー
シュペートレーゼ トロッケン "バリク"

プファルツ

## ドイツのピノ・ノワールの魅力が素直に表現された上質な辛口の赤ワイン

品種

シュペートブルグンダー

シュペートブルグンダーはフランス名でピノ・ノワールのこと。ドイツワインは白のイメージが強いが、近年は赤の生産が増加傾向にあり、優れた生産者によるシュペートブルグンダーは評価も高い。ペトリの手がけるピノは重すぎず、渋さや酸味による飲みにくさは感じさせないバランスのとれた仕上がり。気品ある香りも印象的。ブルゴーニュのピノに比べると、よりソフトで心地よいほのかな甘さが感じられる気がするが、数値的な残糖分はゼロに近い。ドイツ産ならではのピノ・ノワールの魅力がよく表現されている。

生産者：ペトリ醸造所
アルコール度数：14%
色：赤　参考価格：3990円
輸入元：シュピーレン・ヴォルケ

甘辛度
甘　　　　　　　辛

ボリューム
軽　　　　　　　重

**ドイツ**

## ÜRZIGER WÜRZGARTEN EISWEIN
### ユルツィガー ヴュルツガルテン アイスワイン

モーゼル

# 自然凍結した
# ぶどうからつくられる
# 極上の甘口ワイン

**品種**

リースリング

　アイスワインとは凍結したぶどうからつくられるワイン。「愛す」とかけてバレンタインなどの贈り物としても人気のようだ。自然凍結したぶどうの凍った部分が溶け出さないうちにプレスすることによって、強い甘さと香りをともなった極甘口ワインとなる。自然条件下でぶどうが凍結しないとつくれないためリスクは大きく、安定的生産が望めず、挑む生産者は限られている。エルベスは他の生産者に比べて酸があり、それがアイスワイン特有の甘酸っぱい高い香りを有して、この上なく優雅な味わいに仕上がっている。

生産者：カール エルベス
アルコール度数：8.5%
色：白　参考価格：7350円(375ml)
輸入元：稲葉

**甘辛度**: 甘（やや甘寄り）辛

**ボリューム**: 軽（中寄り）重

# ドイツ魂のアイスワイン

　アイスワインは毎年決まった数量を生産できる製品とは違う。気候によってはできない年もある。ドイツの場合、傾斜のきつい斜面のほうがよいぶどう畑であるとよく耳にするが、アイスワインをつくるぶどうの栽培についてはあてはまらないようだ。冷気は重い。従って冷気が溜まる低地または窪地であることがよい条件になる。畑が凍らなくてはどんなによい造り手がいてもアイスワインは生まれないわけである。「そこがゲルマンの誠実さ。ドイツ人の気質を語る上でも貴重なワインだと思います」と語るのはドイツワインに詳しい輸入元1社である。

　アイスワイン用に使うぶどうの収穫は早くて11月、遅いときは翌年1〜2月までひっぱることもある。ぶどうの熟し方が健全なら、熟成が進むにつれて酸が目減りする。従って長期熟成のワインにはならない。アイスワインにおいて収穫が長びくということは、酸の問題もそうだが、嵐や雨にさらされて選果が難しくなる、鳥族が狙うなどの危険がともなう。つまり摘み取り時期が遅れるほど条件が悪くなる。そんなリスクを背負ってもあえて挑む生産者の多くは、これで商売をやろうという欲はあまりないという。けれど気持ちは熱い。だから待望の極寒日が来て号令をかけると消防隊より早く人が集まるという逸話もある。

　そうして苦労して仮に300本を生産したとしても100本は自分用にとっておいて、記念日に1本ずつ開栓して大切に味わう。アイスワインは、ドイツワインの中で最も寿命が長いとされ、長いもので100年という説もあるほどだ。生産者にとってアイスワインは採算度外視の趣味の領域であり、コレクションワインといえるのかもしれない。

　そんな背景を意識しながらグラスを傾けると、心地よい甘さの奥により深い味わいが感じられるのではないだろうか。温暖化などの影響で年々アイスワインをつくることが難しくなっている現実もある中で、つくり続ける情熱を絶やさないドイツ魂もまた変わらずにあるようだ。

# オーストリア
*Austria*

ニーダーエステライヒ
*Niederösterreich*

ウィーン
*Wien*

ブルゲンラント
*Burgenland*

シュタイヤーマルク
*Steiermark*

*Donau*
*Salzburg*  Wien
         Graz
**AUSTRIA**
*Drava*

## オーストリアワインの基礎知識

　オーストリアのワイン地域は、首都ウィーンがある東部（ニーダーエステライヒ州＆ウィーン州）と、スロヴェニアに近いシュタイヤーマルク州、ハンガリーの国境近くのブルゲンラント州に集中している。全生産量の70％は白ワインが占め、その大半がオーストリア国内で消費されるが、近年は輸出の伸びも顕著になった。

　白のぶどう品種でフラッグシップに位置づけられるのは、オーストリアの固有品種グリューナー・フェルトリーナー（P123）である。ウィーン周辺の居酒屋で飲まれる気軽な新酒から高級タイプ、辛口から甘口まで幅広いスタイルのワインに仕上げられる。オーストリアのワインの特徴を知る上でまず試したい白ワインだ。

　一方、赤はおもに南西部に位置するブルゲンラント州で生産され、比較的若飲みに使われるツヴァイゲルト（P124）、長期熟成にも向くブラウフレンキッシュの2つが固有品種として、オーストリアならではの繊細で温かみのある個性を感じさせてくれる。

　オーストリアのワインは、総じて派手さはないが、滋味がある印象が強い。控えめなのに個性の魅力はしっかりと伝わってくる芯の強さがある。この個性は繊細な日本食とも非常によくマッチし、近ごろ日本でもオーストリアワインを扱う店が増えてきた。なかにはその棚スペースが増加傾向にあるワインショップすら見受けられる。価格的には1000円以下で買える安旨ワインはないものの、万単位もする高価なワインも少ない。2000円くらいからをベースに1万円までの価格帯が入り混じる。

**オーストリア**

## GRÜNER VELTLINER OBERE STEIGEN
# グリューナー・フェルトリーナー オーベルシュタイゲン

ニーダーエステライヒ州 ▶ トライゼンタール

# オーストリアのワイン文化を彩る主要品種 グリューナーの魅力とは

品種

グリューナー・フェルトリーナー

　オーストリアでまず試したいワインといえば白のグリューナー・フェルトリーナーである。地元のホイリゲ（ワイン居酒屋）などでワイングラスならぬジョッキにつがれて気さくに飲まれる陽気な地酒で知られる一方で、高級ワインとしても重宝される。共通点は幅広い料理との相性のよさである。和食にもよく合う。4世代にわたりフーバー家がつくるグリューナーは、日本で入手できるアイテムの中では控えめな値段でありつつ、味の複雑みも十分備えた高品質のワイン。きれいな酸味の奥に、心地よいほろ苦さが感じられる。

生産者：マルクス フーバー
アルコール度数：13%
色：白　参考価格：2730円
輸入元：オーデックス・ジャパン

甘辛度　甘 ■■■■□■ 辛
ボリューム　軽 ■■■□■■ 重

123

# オーストリア
## ZWEIGELT
# ツヴァイゲルト

ブルゲンラント州 ▶ ミッテルブルゲンラント

## 手作りの家庭料理に合わせたくなる温かな持ち味が魅力

**品種**

ツヴァイゲルト

　赤ワインの産地で知られるブルゲンラント州。なかでもツヴァイゲルトとブラウフレンキッシュは代表品種として押さえておきたい。後者が長熟タイプに対して前者は早飲みタイプ。最初のとっかかりはツヴァイゲルトから始めてはいかがだろう。チェリーやベリーなど森の果実を思わせる香り豊かなこのワインは、よい意味で洗練されすぎず、ぬくもりのある持ち味が魅力。温かい家庭料理と合わせるとますますおいしく、肉じゃがや筑前煮など日本のおふくろの味との相性も抜群。ヴェーニンガーは国内における赤ワインの名手である。

生産者：フランツ ヴェーニンガー
アルコール度数：12.4 %
色：赤　参考価格：2520円
輸入元：エイ・ダヴリュー・エイ

甘辛度：（中央）
ボリューム：（中央）

# スペイン・ポルトガル
## *Spain · Portugal*

# スペイン
## Spain

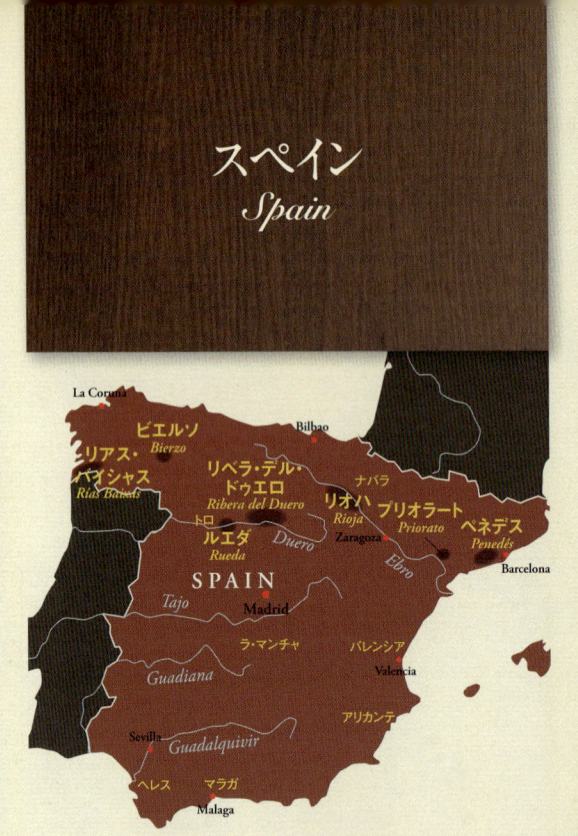

### 地図上の地名

- La Coruña
- Bilbao
- リアス・バイシャス / Rias Baixas
- ビエルソ / Bierzo
- リベラ・デル・ドゥエロ / Ribera del Duero
- トロ
- ルエダ / Rueda
- ナバラ
- リオハ / Rioja
- Zaragoza
- プリオラート / Priorato
- ペネデス / Penedés
- Barcelona
- Duero
- Ebro
- SPAIN
- Madrid
- Tajo
- ラ・マンチャ
- バレンシア / Valencia
- Guadiana
- アリカンテ
- Sevilla
- Guadalquivir
- ヘレス
- マラガ / Malaga

　ぶどう栽培面積は世界第1位、ワイン生産量はフランス、イタリアについで世界第3位でありながら、「眠れる獅子」と呼ばれていたスペイン。しかし1990年以降の品質向上は顕著で、国際的に注目されるワイン産地が増えている。例えば4人組と呼ばれる醸造家が刷新をはかり、みごと高級ワイン産地への革新を遂げたプリオラートなどはその代表例である。もともとスペインは降雨量が少なく日照時間が長い。毎年の気候が安定しているのでヴィンテージに左右される危険が少ないなど、ワインづくりにおいて恵まれた環境にある。そうした気候や伝統品種が持つ潜在能力の高さも再認識されてきて、今後ますますの成長が期待されている。

スペインワインの基礎知識

## 格付け

EUのワイン法改正にともない、スペインワインは2009年8月より、IGP（保護地理的表示）とDOP（保護原産地呼称）の2つに大別され、さらに各々について下記のカテゴリーに分類される。

## IGP

### 1：ビノ・デ・メサ
一般のテーブルワイン。

### 2：ビニェードス・デ・エスパーニャ
2006年、安価な輸入ワインと区別するために導入されたスペイン産広域のテーブルワイン。

### 3：ビノ・デ・ラ・ティエラ
DOPの認定地域外の特定の産地で栽培されたぶどうを使い、地域の特性を持つ地酒的ワイン。

## DOP

### 4：VCIG
地域名称付き高級ワイン。この分類で5年以上実績のある産地はDOへの昇格申請ができる。

### 5：DO
現在60以上の地域が認定され、スペインの高級ワインの核的なカテゴリーにあたる。本書で紹介している大半のワインがこの分類に属する。

### 6：DOC
DOよりさらに厳しい規定に合格した高品質ワイン。現在認定されているのはリオハとプリオラートのみ。

### 7：VP
DOやDOC地域外も含め、限られた面積の単一の畑のぶどうだけからつくられた高品質なワインに認められる単一ぶどう畑限定高級ワイン。現在9件。

※スペインワインは歴史的に樽熟、瓶熟を長く行う傾向があるため、VCIG〜VPに属するワインを対象に、熟成度による分類もある。短期熟成⇒長期熟成の順に、クリアンサ⇒レセルバ⇒グランレセルバと表記される。

# スペインワインの基礎知識

## おもな産地

### 【リオハ】
ボルドー伝来の伝統的な小樽（おもに古樽）による長期熟成を特徴とした昔ながらの製法にこだわるクラシックタイプと、バニラ香が強いフレンチオーク樽での熟成がおもなモダンタイプに分かれ、新旧が入り混じる伝統産地。どちらにも属さない中間タイプもある。テンプラニーリョを主体とした赤ワインが中心。おもにアルタ、アラベサ、バハの3地区に分かれる。

### 【ペネデス】
カバ（P133）というスパークリングワインの大半がこの地域でつくられる。

### 【プリオラート】
一時は衰退していたが、4人組の男（P131）により、地元品種をいかした高級ワイン産地として変身を遂げた産地。

### 【ルエダ】
ベルデホ種からつくられる白ワインの産地（P135）。

### 【リベラ デル ドゥエロ】
ティント・フィノ主体につくられる高級赤ワイン産地（P134）。リオハと並びスペインの高品質ワイン産地のリーダー的存在。

### 【ビエルソ】
伝統品種メンシアによる個性豊かな赤（P132）が注目される、21世紀になって登場したワイン産地。

### 【リアス バイシャス】
ルエダと並びスペインを代表する白ワイン（P137）の産地。主要品種はアルバリーニョ。

## おもな品種

### テンプラニーリョ(赤)
　スペインを代表する赤の品種。地域によって名前を変え、「ティント・フィノ」「ウル・デ・リェブレ」「センシベル」などの呼び方もある。繊細で香り豊か、酸もタンニンも豊富なので長期熟成にも適した品種。スペインの高級赤ワインにこの品種を原料にしたものが多い。

### ガルナッチャ(赤)
　フランスではグルナッシュといわれる品種で、スペインが原産。厳しい環境に強く、最近、研究が進んで力強さを備えた高品質なワインが数多く生まれている。

### カリニェナ(赤)
　別称マスエロ。フランスではカリニャンの別称で栽培される。酸とタンニンが豊富で長期熟成が可能。

### メンシア(赤)
　あまり知られていない品種であったが、ビエルソの赤ワイン (P132) により一躍有名になった。

### パレリャーダ／マカベオ／チャレッロ(白)
　いずれもおもにカタルーニャ州で栽培され、発泡ワインのカバ (P133) をつくるための主要三大品種となっている。

### ベルデホ(白)
　ルエダの白ワインに使われる品種。なめらかでボディもしっかりあり、香りも豊かな味わいの白を生む (P135)。

### アルバリーニョ(白)
　リアス バイシャスの白ワインに使われる品種 (P137)。

## スペイン

# UGARTE
## ウガルテ

リオハ | DOC

## ボルドーとのつながりが深いワイン産地リオハで価格も良心的なこの一本

**品種**

テンプラニーリョ主体、ガルナッチャ・ティンタ

　リオハにおけるワインづくりの歴史は長いが、大きく発展したのは19世紀後半。当時フランスがフィロキセラの被害を受けたとき、多くの生産者がボルドーからリオハに移住し醸造技術を伝えたことがリオハワインの品質向上に貢献したといわれる。その後1991年にはリオハが国内最初の特選原産地呼称DOCに認定され、現在は新旧の味のスタイルが混じる銘醸地となっている。ウガルテは1870年に設立され、リオハ代表産地のひとつアラベサに畑を所有する生産者。デイリー価格ながら果実味あふれる味のバランスはピカイチである。

生産者:エレダー ウガルテ
アルコール度数:約13.3%
色:赤　参考価格:1418円
輸入元:モトックス

甘辛度: 辛寄り
ボリューム: 中程度

スペイン
## L'ERMITA
### レルミタ

DOC　　　　　　　　　　　　　　　　　プリオラート

## プリオラートに革新の流れを築いた伝説の男アルバロ氏の代表作

**品種**

ガルナッチャ主体、カベルネ・ソーヴィニヨン

　ワインづくりの歴史は長いものの、過疎化やフィロキセラという虫の影響などにより荒廃していたプリオラートの畑。そこへ4人の男が集ってワインづくりを開始し、この地を高級ワインの産地として復活させた。その4人組のひとりがアルバロ・パラシオスだ。その後アルバロ氏は伝統品種と伝統的な栽培方法を重んじた独自のワインづくりを行うことで、かつて馬車馬品種とさげすまれたガルナッチャ種の評価を大きく上げた。古木のガルナッチャ主体のレルミタは氏の代表作。引く手あまた、スペインで最も高価なワインのひとつである。

生産者：アルバロ・パラシオス
アルコール度数：14.5%
色：赤　参考価格：11万5500円
輸入元：ファインズ

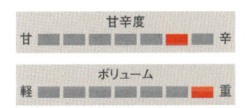

**甘辛度**：辛寄り

**ボリューム**：重寄り

## PETALOS
# ペタロス

スペイン | ビエルソ | DO

## 名声に安住することなき名手アルバロがビエルソで手がけるメンシアの赤

**品種**

メンシア

　アルバロ・パラシオスといえばプリオラートを代表する生産者である（P131）。氏の指導のもと、甥のリカルドがビエルソの土地に新ワイナリーを設立し、地元の固有種メンシアをいかして、プリオラートとはまったく違うスタイルに仕上げたワインが、このペタロスである。強調すべきは樹齢60年を上回るぶどうをビオディナミ（自然の力を最大限にいかす農法）で栽培していること。ナチュラルな果汁味にあふれ、フレッシュ感に満ちているが、芯のしっかりした熟成感があり、繊細で奥行きある味の個性を持つ。

生産者：デスセンディエンテス デ ホセ パラシオス
アルコール度数：14%
色：赤　参考価格：2940円
輸入元：ラシーヌ

甘辛度：辛寄り
ボリューム：中程度から重め

スペイン

# FREIXENET CORDON NEGRO
## フレシネ コルドン ネグロ

| DO | カタルーニャ |

## シャンパンと同じ製法でつくられる高品質なスパークリングワイン

**品種**

マカベオ、チャレッロ、パレリャーダ

　スペインを代表するスパークリングワインといえばカバである。その歴史はカタルーニャ州の生産者がシャンパーニュで学んだ技術を故郷に持ち帰ったことに始まる。そのためカバはシャンパン同様の製法でつくられるがコストパフォーマンスが高い。フレシネ社は世界150ヶ国以上にカバを輸出しており、ブラックボトルのコルドン ネグロはフレシネの顔ともいえるアイテムだ。スペイン固有の3品種のみにこだわったブレンドでつくる味は柑橘系の酸が心地よく厚みも感じる。どんな食事にも合う万能タイプ。

生産者：フレシネ
アルコール度数：12%
色：白　参考価格：1880円
輸入元：サントリーワインインターナショナル

**甘辛度**
甘 ／ ／ ／ ／ 辛

**ボリューム**
軽 ／ ／ ／ ／ 重

🇪🇸 スペイン

# PRADO REY CRIANZA
# プラド レイ クリアンサ

リベラ デル ドゥエロ | DO

## 一度は飲んでおきたい スペインの注目産地 リベラ デル ドゥエロの赤

**品種**

ティント・フィノ主体、カベルネ・ソーヴィニヨン、メルロー

　スペイン北西部のリベラ デル ドゥエロは、近年、急速に高級赤ワイン産地として国際的にその名を知られるようになった。中心品種はティント・フィノと呼ばれるスペイン原産ぶどうで、赤ワインにはこれを最低75%使用することが義務づけられている。この地域に3000haを所有するレアル シティオの赤は印象がとてもクラシカル。度数は14%以上なのにマッチョ的でなく、やさしくなめらか。豊かな味の膨らみが静かにのぼってくる。そんな洗練された味わいが2000円台程度なのも魅力である。

生産者：レアル シティオ デ ベントシーリャ
アルコール度数：14.5%
色：赤　参考価格：オープン（2000円台程度）
輸入元：千商

**甘辛度**：辛寄り
**ボリューム**：重寄り

スペイン

**NAIA**
## ナイア

| DO | ルエダ |

# ワイン業界のプロ集団が創設したワイナリーでつくるベルデホ品種の白ワイン

**品種**

ベルデホ

　ルエダはスペインを代表する白ワインの産地。ベルデホと呼ばれるこの地域特有のぶどう品種からつくる辛口白の産地として、1970年代から注目を集めるようになった。このワインは、ルエダのグランクリュ（特級畑）と呼ばれるラ・セカ村に、ベルデホによる上質な白をつくる目的で、ワイン業界のプロフェッショナルらが集まって創設したワイナリーから誕生した。驚くほど凝縮感のある柑橘系のフルーツの香りがそのまま味わいとして感じられるほどエキス分に富み、和食よりも、オリーブ油を使った料理と合いそう。

生産者：ボデガス ナイア・ビニャ・シラ
アルコール度数：13％
色：白　参考価格：2100円
輸入元：ワイナリー和泉屋

甘辛度：甘□□□□■□辛
ボリューム：軽□□□■□□重

135

🇪🇸 スペイン

# TORRES SANGRE DE TORO
# トーレス サングレ デ トロ

カタルーニャ　　　　　　　　　　　　　　DO

## 牛のマスコットが心くすぐる「牡牛の血」という名のワイン

**品種**

ガルナッチャ、カリニェナ

　カタルーニャで最も卓越した生産者トーレス家は、カタルーニャでいち早くフランス系品種を持ち込んだり、技術革新にも積極的に取り組むなど、この地域のみならずスペイン全体の品質向上を牽引した。そんなトーレスがつくるサングレ デ トロは、同社の基幹ブランドとして、デイリーに楽しめるワイン。完熟したぶどうの凝縮感がオーク樽によってきれいに熟成され、バランスのよい飲み心地。リーズナブルな価格ながらも味わいの満足度は高い。ボトルの首についている牛のマスコットもかわいい。

生産者：トーレス
アルコール度数：13.5%
色：赤　参考価格：1586円
輸入元：サントリーワインインターナショナル

甘辛度：甘口～辛口（やや辛口寄り）
ボリューム：軽～重（やや重寄り）

スペイン

## PACO & LOLA
## パコ イ ロラ

DO  リアス バイシャス

# おしゃれなラベルと美酒の味わいは映画＆アパレル業界でも大人気

**品種**

アルバリーニョ

ラベルがスタイリッシュなこのワインの出生地はリアス バイシャスである。スペイン北西部、ポルトガルに隣接する沿岸地域で、古くからアルバリーニョ種による高級白ワインの産地として知られてきた。ぶどうは日本と同じ棚式の栽培が行われている。華やかで上品な香り。辛口ではあるけれどチーズと合わせると甘みが感じられ、魚介類と合わせると心地よい酸味がひきたつなど、多彩な味の表情が魅力。ラベルもおしゃれなので、アパレルや映画関係者が集うパーティーの場などでも活躍している。

生産者：ビティビニコラ アロウサーナ
アルコール度数：13%
色：白　参考価格：2730円
輸入元：ワイナリー和泉屋

甘辛度：辛寄り
ボリューム：中

# ポルトガル
## *Portugal*

　ポルトガルを漢字で書くと葡萄牙。日本の4分の1ほどしかない狭い国土でありながら、ぶどう栽培面積は世界8位を誇る。栽培品種もバラエティに富み、それらの多くは昔から引き継いだ独自の伝統品種を保ち、栽培品種の数は300種以上に及ぶ。この国の1人当たりのワインの年間消費量は47ℓで、ルクセンブルク、フランスについで世界3位。日本の約2.5ℓとは比較にならないほどポルトガルの人は日常的にワインに親しんでいるようだ。ちなみに初めて日本に伝えられたワインはポルトガル産の赤だったといわれる。ポルトガル語で赤ワインを意味する「ヴィノ ティント」を漢字にあてはめ「珍陀酒」（ちんた）と呼んで当時、戦国の武将たちに珍重されたという。

　ポルトガルはマデイラとポートに代表される酒精強化ワインがよく知られ、生産量ではスティルワインの赤が全体の5割近くを占める。また、ポルトガルはワインに使われるコルク栓の一大産地でもあり、多くの国がポルトガルで加工されたコルク材の恩恵を受けている。

## おもな産地
**【ヴィーニョ ヴェルデ】** 軽い発泡性を帯びたフレッシュなワインをつくる。白が約7割を占めるが赤もある（P139）。
**【ポルト エ ドウロ】** 世界最古の原産地呼称統制地区であるこの産地の畑の景観は世界文化遺産に指定されている。酒精強化ワインのポートと、凝縮感のある果実味豊かな赤ワインを産する。
**【ダン】** しっかりした重厚な赤ワインが生産の8割を占める（P140）。
**【バイラーダ】** おもにバガ種からつくられる赤が有名。
**【アレンテージョ】** 近年品質向上が目覚ましいエリア。熟成感のある濃密な味わいの赤ワインを生む。コルクの一大産地でもある。

**ポルトガル**

## GATÃO VINHO VERDE
# ガタオ ヴィーニョ ヴェルデ

DOC ヴィーニョ ヴェルデ

## 「緑のワイン」という名の産地でつくられるフレッシュなテーブルワイン

**品種**

アザール、ペデルナン、トラジャドゥラ、アヴェッソ

　ヴィーニョ ヴェルデとは「緑のワイン」を意味するポルトガル語。心なしか緑を思わせるような輝きある白が印象的。味わいも若々しくフレッシュで、わずかに炭酸を含む。清涼な風が吹き渡る草原を思わせるような爽快感にあふれ、きれいな酸と豊かな果実味が溶け合って瑞々しい風味が口になじむ。よく冷やして食前酒や前菜に合わせるのがお薦め。ボルゲスはこの地域に広大な自社葡萄園を所有する大手のワインメーカー。猫のラベルがかわいい、コストパフォーマンスも抜群のテーブルワインである。

生産者：ヴィニョス ボルゲス
アルコール度数：9％
色：白　参考価格：1313円
輸入元：木下インターナショナル

甘辛度：中辛寄り
ボリューム：中

**ポルトガル**

# DÃO RED
# ダン レッド

ダン　　　　　　　　　　　　　　　　　　　　　　　DOC

## 特徴的な在来品種による力強い赤ワインの名産地 檀一雄も愛飲した

**品種**

トウリガナショナル主体、ジャエン、アルフロシェイロ・プレトなど

　花崗岩の山々に囲まれ上質な赤の産地で有名なダン地方。味わいの特徴は総じてタンニンをたっぷり含んで力強いこと。作家の檀一雄は、自分の姓と同じ発音のワインだと現地滞在中に多飲したという。ダンの赤において主役となるのはトウリガナショナルと呼ばれるポルトガル固有の品種である。ロケス家は、この品種単一でつくるワインでも定評あるダンの代表的な生産者。ダン レッドには40％程度のトウリガナショナルを使い、若いうちから楽しめるが10年程度の熟成も期待できるブレンドスタイルに仕上がっている。

生産者：キンタ・ドス・ロケス
アルコール度数：13.5%
色：赤　参考価格：2184円
輸入元：木下インターナショナル

甘辛度　甘■■■■辛
ボリューム　軽■■■■重

# アメリカ（カリフォルニア）
*America (California)*

# アメリカ（カリフォルニア）ワインの基礎知識

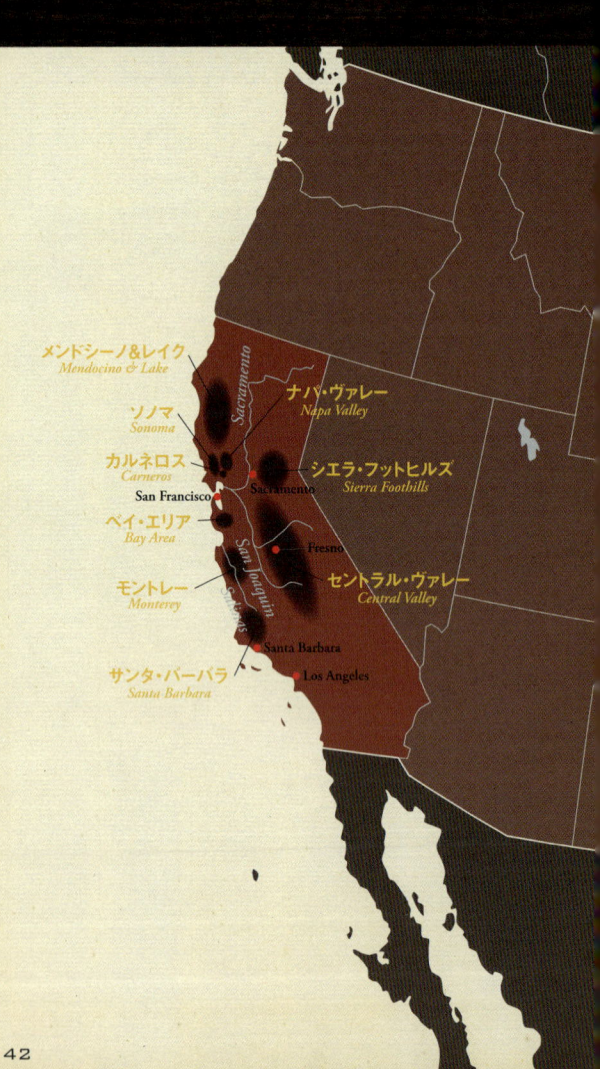

- メンドシーノ＆レイク *Mendocino & Lake*
- ソノマ *Sonoma*
- カルネロス *Carneros*
- ベイ・エリア *Bay Area*
- モントレー *Monterey*
- サンタ・バーバラ *Santa Barbara*
- ナパ・ヴァレー *Napa Valley*
- シエラ・フットヒルズ *Sierra Foothills*
- セントラル・ヴァレー *Central Valley*

San Francisco
Sacramento
Fresno
Santa Barbara
Los Angeles

アメリカ合衆国のワインは栽培面積・生産量ともにフランスの半分程度で、その9割をカリフォルニアが占める。カリフォルニアワインの歴史は18世紀にスペインの宣教師たちが聖餐に必要なワインをつくるためぶどうの木を植えたのが始まりといわれ、19世紀にはゴールドラッシュの影響も受けてワイン産業が発達した。19世紀後半から20世紀にかけては、フィロキセラの発生と禁酒法という2つの災難に襲われワイン産業は衰退する。しかし1960年代からルネッサンスが始まり、1976年にはフランスとのブラインド対決でナパのワインがみごと勝利を得る。以来、カリフォルニアワインに対する世界的な評価が高まっていった。

　温暖な地中海性気候に恵まれたカリフォルニアは、寒流の影響も受けて快適な環境に保たれ、海に近い冷涼な西側エリアに高級ワイン産地が集中する傾向がみられる。とりわけ海岸に沿った最北部のノースコースト地方のソノマ地区とナパ地区は知名度も高い。

　品種別では栽培面積でみると白はシャルドネ、赤はカベルネ・ソーヴィニョンが最も多く、ついでメルロー、カリフォルニア独自の品種ジンファンデル、ピノ・ノワールなどが追い上げている。地中海と類似した気候パターンもあって、シラーやグルナッシュなど南フランス系品種もよく育つ。全体にアルコール度数が高めのワインが多い傾向がみられるが、豊かな果実味もともなう凝縮感のある味わいは、強烈でパワフルという印象よりは、むしろ穏やかに感じられるものも少なくはなく、酸味とのバランスもとれたカリフォルニアならではのリッチな魅力を感じさせてくれる。

# OPUS ONE
# オーパス ワン

カリフォルニア ▶ ナパ

## ワイン界のトップに立つ二人の男の共作によるプレミアムワイン

品種

カベルネ・ソーヴィニヨン主体

カリフォルニアワインの名声を世に高めた功労者ロバート・モンダヴィと、ボルドーの名門シャトーであるムートン・ロートシルトのフィリップ男爵とのジョイントベンチャーによりワイナリーが誕生した。オーパス ワン＝作品番号1番という名前は、故フィリップ男爵が「ワインは交響楽」とたとえたことに因む。ラベルには生みの親である両氏の横顔とサインがデザインされ、急成長の過程にあったナパワインの格をさらに高めた。カリフォルニアワインのステイタスシンボルとして知っておきたい一本である。

生産者：オーパス ワン
アルコール度数：14%
色：赤　参考価格：2万円前後
輸入元：エノテカ

甘辛度：辛寄り
ボリューム：重寄り

アメリカ

## STAG'S LEAP WINE CELLARS CABERNET SAUVIGNON "ARTEMIS"
### スタッグス・リープ・ワイン・セラーズ
カベルネ・ソーヴィニヨン "アルテミス"

カリフォルニア ▶ ナパ

## 伝説のパリ対決で奇跡を起こし、ナパの名を世界に広めた名門ワイナリー

**品種**

カベルネ・ソーヴィニヨン主体　メルロー

　1976年のフランスVSアメリカのブラインドテイスティングで、ボルドーのトップシャトーを退けて優勝。この、ありえない奇跡を起こした赤ワイン部門のワインがスタッグス・リープのカベルネだった。この事件でナパの名を世界に知らしめた当ワイナリーは現在も名門中の名門として高品質のカベルネをつくり続けている。味のスタイルは基本レンジのアルテミスを飲んでみるだけでよくわかる。カリフォルニアは15%前後の高アルコールなカベルネが多い中、14%未満を平均値とし芳醇かつエレガント。勝利の歴史も頷ける。

生産者：スタッグス・リープ・ワイン・セラーズ
アルコール度数：13.8%
色：赤　参考価格：7245円
輸入元：布袋ワインズ

甘辛度：やや辛口寄り
ボリューム：中程度

145

## アメリカ

**SEGHESIO ZINFANDEL SONOMA COUNTY**
# セゲシオ ジンファンデル ソノマ・カウンティ

カリフォルニア ▶ ソノマ

## 濃厚で親しみやすいカリフォルニア固有のぶどう品種

**品種**

ジンファンデル主体

　ジンファンデルのルーツはクロアチアで、南イタリアのプリミティーヴォと品種は同じといわれるが、実際の味わいはカリフォルニア特有の個性がある。干しぶどうのような凝縮した甘い果実味が高く大柄な肉づき。タンニンは控えめで野性味も感じられ親しみやすい。なかでもイタリア移民であるセゲシオが1895年ソノマの地に畑を開き、4代にわたり引き継がれているこのジンファンデルは、お手本的な味わい。権威あるワイン誌が毎年発表する世界のワインTOP100に過去6年で4回入選と、この価格帯にして異例な高評価を受けている。

生産者：セゲシオ
アルコール度数　15.5%
色：赤　価格：3780円
輸入元：布袋ワインズ

甘辛度：甘 ─ 辛（やや辛寄り）
ボリューム：軽 ─ 重（重寄り）

**VILLA MT.EDEN CHARDONNAY BIEN NACIDO VINEYARD**
# ヴィラ マウント エデン シャルドネ ビエン ナシード ヴィンヤード

カリフォルニア ▶ サンタバーバラ

## 本来のカリフォルニアらしさがいかされたスタイルのシャルドネ

品種

シャルドネ

　近ごろのカリフォルニアにおけるシャルドネは、エレガントを追求する志向が強まり、昔ながらの樽をきかせた果実味豊かなスタイルが稀少価値となりつつある。それだけにこのシャルドネを飲んだとき「ああ、こんなワインがまだあった」と微笑んで感動する人は多い。果実味たっぷり、まろやかなコクがありながら、酸がきれいで全体に上品な仕上がり。単一畑のぶどうだけを使用している。これだけのクオリティにして驚くほどに価格は安く、コストパフォーマンスのよさも加わって、試飲会などでも突出した人気ぶりをみせている。

生産者：ヴィラ マウント エデン
アルコール度数：14.3%
色：白　参考価格：2520円
輸入元：布袋ワインズ

甘辛度：やや辛口寄り
ボリューム：中程度

147

## 🇺🇸 アメリカ
## SAINTSBURY PINOT NOIR CARNEROS
# セインツベリー ピノ・ノワール カルネロス

カリフォルニア ▶ カルネロス

## これぞカリフォルニアスタイルのピノ！と印象づける味の仕上がり

**品種**

ピノ・ノワール

　カリフォルニア産ピノ・ノワールの中にはブルゴーニュスタイルを意識したワインも少なくない。そんな中セインツベリーはあくまでもカリフォルニア独自のスタイルを大切にしたワインづくりを目指す。良質なピノづくりは難しいといわれたカリフォルニアで理想の地を探し求め、カルネロスに聖地を定めてつくったピノが1983年に、ホワイトハウスでのエリザベス女王歓迎晩餐会でサーヴされるに至った。果実味が豊かで口当たりもやわらかく暑苦しさがない。これぞカリフォルニアのピノと印象づけるお手本的な味に仕上がっている。

生産者：セインツベリー
アルコール度数：13.5%
色：赤　参考価格：4095円
輸入元：布袋ワインズ

甘辛度：辛寄り
ボリューム：中程度

# FRANCIS COPPOLA DIAMOND COLLECTION CLARET
## フランシス コッポラ ダイヤモンド コレクション クラレット

アメリカ / カリフォルニア

## ワイン界でも有名な映画監督コッポラがつくる人気のブラックラベル

**品種**

カベルネ・ソーヴィニヨン主体

　著名な映画監督フランシス・コッポラがつくるワイン。幼いころからワイナリーを持つことが夢だったというコッポラが、カリフォルニアに念願のワイナリーを設立したのは1975年のことだった。幼少時代に食卓にあったようなワインを再現したロッソ＆ビアンコ、娘の結婚式のお祝いに贈った発泡スタイルのソフィアなど、コッポラ自身の思いがこもった銘柄ワインは多彩。主力商品のひとつクラレットは、カベルネ主体に5品種をブレンドしたボルドースタイルのリッチな赤で、貫禄と包容力を感じさせるふくよかな味わいが魅力である。

生産者：フランシス フォード コッポラ プリゼンツ
アルコール度数：約14%
色：赤　参考価格：4179円
輸入元：ワイン・イン・スタイル

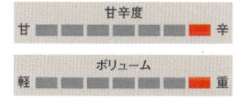

甘辛度：辛寄り
ボリューム：重寄り

## 🇺🇸 アメリカ
## BERINGER SPARKLING WHITE ZINFANDEL
# ベリンジャー スパークリング ホワイト ジンファンデル

カリフォルニア

### ジンファンデルでつくる キュートな甘口の スパークリングワイン

**品種**

ジンファンデル主体

ベリンジャーは1876年に設立され、現在は大手ワイナリーへと成長。テーブルワインからプレミアムまで銘柄数も多く、すべてに安定した品質を誇る。なかでもユニークな日常ワインでお薦めなのがホワイト ジンファンデルだ。カリフォルニア独自のジンファンデル種をスパークリングに仕立てた、ほのかな甘口のロゼ。イチゴや柑橘系の甘い香り、チャーミングなピンク色、きめ細かな泡立ちとスイーツな味わいは癒されるおいしさ。パーティーなどに1本あると場が華やぐこと間違いなし。発泡性でないタイプもある。

生産者：ベリンジャー
アルコール度数：11%
色：ロゼ　参考価格：1523円
輸入元：サッポロビール

甘辛度：甘口寄り
ボリューム：中程度

# オーストラリア・ニュージーランド
## Australia · New Zealand

# オーストラリア
*Australia*

## AUSTRALIA

### SOUTH AUSTRALIA
- Tarcoola

### NEW SOUTH WALES
- クレア・ヴァレー / Clare Valley
- バロッサ・ヴァレー / Barossa Valley
- ハンター・ヴァレー / Hunter Valley
- Newcastle
- Sydney
- Wollongong
- Canberra
- Adelaide

### VICTORIA
- マクラーレン・ヴェイル / McLaren Vale
- クナワラ / Coonawarra
- ヤラ・ヴァレー / Yarra Valley
- モーニントン・ペニンシュラ / Mornington Peninsula
- Melbourne
- Geelong

Darling / Lachlan / Murray

## オーストラリアワインの基礎知識

　オーストラリアワインの魅力は多様性にあるといわれる。その理由は、国土が広大で産地ごとの気候や土壌が様々であること、多様な文化を包みこむ大らかで自由な気質を持つ多民族の国であること、ワインづくりにおいて規定の約束事がヨーロッパほど厳しくないことなどがあげられる。オーストラリアではワイン産地をラベルに表記する場合、同地域内のぶどうを85％以上使うことが義務づけられているけれど、栽培品種、栽培方法、醸造方法の規定はとくにない。個性を表現するために複数の産地をブレンドしているワインも少なくない。生産者の自由な発想でワインをつくる環境が、多様なスタイルを生む気風につながっている。

　そんなバラエティに富んだワインの中で、何を飲んだらよいか？と悩んだら、赤ならシラーズをお薦めしたい。フランスではシラーと呼ばれるこの品種は、オーストラリアが世界最大規模の作付面積を誇る。造り手や生産地域によっても個性が異なるので、飲み比べてみるのも面白い。価格帯は1000円程度から高級タイプまで幅広い。白は生産量的にはシャルドネが多く、リースリングやセミヨンも高品質なものがつくられている。

　日本の20倍以上の国土を持つオーストラリア国内で、おもなワイン産地は南部の沿岸部とタスマニアに集中している。なかでも国内生産量の約半分を占めるのは南オーストラリア州で、大小の実力のあるワイナリーが集まるバロッサ・ヴァレーを中心に、リースリングで有名なクレア・ヴァレー、カベルネ銘醸地のクナワラ、濃厚な味わいのシラーズやカベルネなどを産するマクラーレン・ヴェイルなど一大産地が点在する。オーストラリアワインの発祥地とされるニュー サウス ウェールズ州では、セミヨンなどを産するハンター・ヴァレーが有名。西オーストラリア州は生産量こそ少ないもののマーガレット・リバーは銘醸地として名高い。ヤラ・ヴァレーやモーニントン・ペニンシュラのあるヴィクトリア州は国内の2割ほどを産している。

## オーストラリア

## GROSSET WATERVALE SPRINGVALE RIESLING
### グロセット ウォーターヴェイル スプリングヴェイル リースリング

サウス オーストラリア州 ▶ クレア・ヴァレー

## 力強いミネラルと酸の調和が絶妙 豪州リースリングの最高峰

**品種**

リースリング

　クレア・ヴァレーは高品質なリースリングの名産地。ジェフリー・グロセットは1981年この地にワイナリーを開いたオーナーであり、オーストラリアのリースリングではトップと評される偉大な醸造家として知られている。畑の標高はおよそ400m。風がもたらす冷気、昼夜の寒暖差がぶどうの成熟を遅らせ、ゆっくりと風味が熟成して完熟した味に仕上がる。ややグリーンがかったクリーンな輝き。ひきしまった酸。硬質なミネラルに支えられたぶれのない味わいは、クレア・ヴァレーさらにはグロセット独特のニュアンスである。

生産者：グロセット
アルコール度数：13%
色：白　価格：4725円
輸入元：ヴィレッジ・セラーズ

甘辛度: 辛寄り
ボリューム: 中

オーストラリア

## KALLESKE GREENOCK SHIRAZ
## カレスケ グリーノック シラーズ

サウス オーストラリア州 ▶ バロッサ・ヴァレー

## ぶどう栽培に精魂込める カレスケ一族が手がける 珠玉のシラーズ

品種

シラーズ

　オーストラリアを代表する赤といえばシラーズ。地域により味の傾向は異なり、バロッサ・ヴァレーなど気温が高い乾燥地域ではリッチでフルボディ、樽のきいた典型的オーストラリアンスタイルを産する。ワイナリー設立後の歴史は浅いものの7代にわたるぶどう栽培を続けてきたカレスケ一族のつくるワインは、リリース直後から専門家による評価は高く、すべてオーガニックワインとして認定されている。このシラーズは15.5%と数値は高いが強烈ではない。肉づきの美しい端正な印象が好ましい長熟タイプに仕上がっている。

生産者：カレスケ
アルコール度数：15.5%
色：赤　参考価格：6510円
輸入元：アイメックス

甘辛度：辛寄り
ボリューム：重寄り

155

# PETER LEHMANN BAROSSA SHIRAZ
## ピーター レーマン バロッサ シラーズ

サウス オーストラリア州 ▶ バロッサ

## バロッサの伝説的醸造家と栽培農家の強い絆が生み出すビッグなシラーズ

**品種**

シラーズ

バロッサの伝説的人物と讃えられる醸造家ピーター・レーマンはドイツ系移民の5代目。ぶどう過剰配給を理由に大手ワイナリーから買取拒否を受けた地元の栽培農家を救うべく1979年ワイナリーを設立。バロッサを守り育てる意志で結ばれた農家との絆によりワインは生まれ評価を高めていった。やることもビッグだが味のほうも実に強いインパクト。赤の主力であるシラーズは果実の旨みがしっかりきいたパンチのある味わい。現在もぶどうの大半は地元からの買い付けというから、信頼関係の強さがうかがえる。

生産者：ピーター・レーマン
アルコール度数：14%
色：赤　参考価格：2499円
輸入元：ヴィレッジ・セラーズ

甘辛度：辛寄り
ボリューム：重寄り

オーストラリア

D'ARENBERG CUSTODIAN GRENACHE
# ダーレンベルグ カストディアン グルナッシュ

サウス オーストラリア州 ▶ マクラーレン・ヴェイル

## ローヌ品種の名手による グルナッシュ単一の 濃密でセクシーな赤

**品種**

グルナッシュ

オリーブの木立や森林に彩られた牧歌的風景が広がるマクラーレン・ヴェイルは、温暖な土壌に流れ込む冷たい海風の相乗効果がよいワインを生み出す名産地。ダーレンベルグは1912年創立の老舗ワイナリーで、とくにグルナッシュやシラーなどのローヌ品種でつくるワインはピカイチと評価が高い。通常はブレンド使用の頻度が高いグルナッシュだが、単一でつくるカストディアンは刺激的な酸味とスパイス感、アルコールのボリューム感が溶け合った豊潤な甘さを醸し出し、グルナッシュの底力を感じさせる。

生産者：ダーレンベルグ
アルコール度数：14.5%
色：赤　参考価格：2793円
輸入元：ヴィレッジ・セラーズ

甘辛度：甘 ─ 辛（やや辛寄り）
ボリューム：軽 ─ 重（中間）

🇦🇺 オーストラリア

## WOODSTOCK CABERNET SAUVIGNON
# ウッドストック カベルネ・ソーヴィニヨン

サウス オーストラリア州 ▶ マクラーレン・ヴェイル

## 典型的なオーストラリアンスタイルでつくられる大らかな赤ワイン

**品種**

カベルネ・ソーヴィニヨン

　典型的なオーストラリアンスタイルを踏襲する造り手として定評あるウッドストック。もとはパイロットという異色の経歴を持つ初代オーナーが、濃厚赤ワインの銘醸地マクラーレン・ヴェイルの土地にワイナリーを設立したのは1973年のことだった。著名ワイナリーがひしめく当地区にあってその知名度を上げたワインがカベルネ・ソーヴィニヨンである。濃厚で力強い。けれどタンニンは丸く、スパイスやチョコレート、ジャムのニュアンスも混じった大らかな味わいからは、まさに豪州の大地を表現したような地味が感じられてくる。

生産者：ウッドストック
アルコール度数：14.5%
色：赤　参考価格：2940円
輸入元：GRN

甘辛度：（やや辛口寄り）
ボリューム：（中程度）

オーストラリア 🇦🇺

# RED HILL ESTATE CHARDONNAY
## レッド ヒル エステート シャルドネ

ヴィクトリア州 ▶ モーニントン・ペニンシュラ

## 冷涼な気候が育てたきれいな味わいのシャルドネ

**品種**

シャルドネ

　ヴィクトリア州都メルボルンから車で1時間程度のモーニントン・ペニンシュラは古くからのリゾート地。牧場やビーチなどロマンチックな景色に囲まれた丘陵地にワイナリーが点在し、この地域特有の冷涼な気候をいかしたワインづくりが行われている。なかでもぶどう畑のむこうに海が見える丘の上の絶景ワイナリー、レッド ヒル エステートのシャルドネは魅力的だ。リッチで濃い目の味わい、ナッツなどの複雑な香りを含み、ボリューム感がありながら、冷涼な気候が育んだフレッシュな酸が味わいの輪郭をきれいにひきしめている。

生産者：レッド ヒル エステート
アルコール度数：13.5%
色：白　参考価格：2625円
輸入元：GRN

**甘辛度**: 甘 □□□□■ 辛 (辛寄り)
**ボリューム**: 軽 □□■□□ 重 (中央)

# CHANDON ROSÉ
# シャンドン ロゼ

**ヴィクトリア州**

## モエがオーストラリアで手がけるシャンパンスタイルの発泡ワイン

**品種**

ピノ・ノワール、シャルドネ

　大手シャンパンメーカーのモエがオーストラリアで手がけるスパークリング。シャンパーニュ地方ではないのでシャンパンとは名乗れないが、ベースワインからのブレンド、瓶内二次発酵などシャンパン同様の製法を行っている。ぶどうはヴィクトリア州を中心に冷涼な地域の畑から調達する。桃の皮を思わせるやわらかなピンク色。辛口とはいえクリーミーでベリーの甘酸っぱい果実味も感じられ、チャーミングな印象。お値打ち価格でシャンパンレベルの発泡酒を楽しむ意味でもお薦めの一本だ。ロゼのほか辛口の白もある。

生産者：ドメーヌ シャンドン オーストラリア
アルコール度数：約12%
色：ロゼ　参考価格：2625円
輸入元：MHDモエ ヘネシー ディアジオ

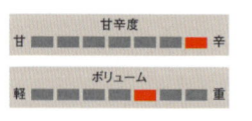

甘辛度：辛寄り
ボリューム：中

# ニュージーランド
## New Zealand

　ニュージーランドは、オーストラリアと同じ南半球にあって、しかも隣国。ワインの特徴も似ているのではないかと思われがちだが、実際のワインの個性はかなり異なる。広大な国土を持つオーストラリアに対して、ニュージーランドの国土は日本の7割ほど。南北に長く、北島、南島に分かれている。ニュージーランドで最初のぶどう畑は19世紀に北島に開かれたといわれ、商業的に発達したのは20世紀以降。その起爆剤となったのは南島のマルボロ産のソーヴィニヨン・ブランだった。1973年にマルボロで初めてぶどうが植えられたというこの地区のソーヴィニヨン・ブランは、フランスをはじめ他の生産地のソーヴィニヨンにはみられない独特の風味があり、それが広く世界に認められ、ワイン輸出国としての地位を伸ばしてゆくとともに、国内の新たな産地の開発も進んだ。現在もソーヴィニヨン・ブランは世界に誇るニュージーランドの象徴品種としての地位を保ち、栽培面積も最も多く、マルボロは今もその中心地として高い知名度を誇る。赤の品種ではピノ・ノワールへの注目が高い。ニュージーランドのワインは、全体に冷涼なその気候に合った繊細な味わいが特徴的である。価格的には格安なものは少なく、2000円くらいからを目安に中価格帯のものが多い。

# MORTON ESTATE MARLBOROUGH SAUVIGNON BLANC

🇳🇿 ニュージーランド

モートン・エステート **マルボロ ソーヴィニヨン・ブラン**

マルボロ

## ニュージーランドといえば まずはマルボロの ソーヴィニヨン・ブラン

**品種**

ソーヴィニヨン・ブラン

　白ぶどう品種の代表ソーヴィニヨン・ブラン。なかでもニュージーランドのマルボロで生産されるそれは非常に評価が高い。このぶどうはもともと香りの強いワインを生み出す品種。ニュージーランドにおいては香りがよりフレッシュで、パッションフルーツを思わせる香りを強く感じることが多い。モートン・エステートがつくるソーヴィニヨン・ブランもそのお手本的スタイル。すがすがしく、適度に力強く、果実の風味が最後まで心地よい。きりっと冷やして食前酒やシーフードの前菜などと一緒に合わせたくなる涼しい味わいだ。

生産者：モートン・エステート
アルコール度数：12.5％
色：白　参考価格：2887円
輸入元：ヴィレッジ・セラーズ

甘辛度　甘 ─────■─ 辛
ボリューム　軽 ────■── 重

162

チリ・アルゼンチン・アフリカ
Chile · Argentina · Africa

# チリ
*Chile*

リマリ・ヴァレー
*Limari Valley*

カサブランカ・ヴァレー
*Casablanca Valley*

アコンカグア・ヴァレー
*Aconcagua Valley*

マイポ・ヴァレー
*Maipo Valley*

サン・アントニオ・ヴァレー
*San Antonio Valley*

クリコ・ヴァレー
*Curico Valley*

マウレ・ヴァレー
*Maule Valley*

チリワインが日本でも購入できるようになって久しい。チリワインというと、安くておいしいというイメージが先行している感がある。実際に例えば2000円前後のチリワインを味わうと、そのレベルの高さに感心させられることが多い。確かに品質に対する良心的な価格はチリワインの魅力だが、実はその品質自体も多様性に富んで、個性豊か。プレミアムといわれる高級ワインまで価格帯も幅広い。

チリワインの歴史は16世紀にスペインからぶどうの木が持ち込まれたのが最初といわれる。けれど現在のチリワインを支える主要な高級品種はスペイン系ではなくフランス系品種であり、それらは19世紀にチリに輸入された品種を祖先としている。カベルネ・ソーヴィニヨンやメルロー、白はソーヴィニヨン・ブランとシャルドネなどの品種が成功を遂げた背景には、チリがワインづくりに適した気候風土であったことはもちろん、この時期ヨーロッパから渡ってきたワイン醸造の専門家の存在が大きいといわれている。当時ヨーロッパを襲ったフィロキセラという害虫の被害によってぶどう樹の根が枯死し、自国で職を失った専門家の多くが、被害に見舞われていない新大陸の産地へ渡ったのである。幸い苗木はフィロキセラ以前にチリに持ち込まれたもので、接ぎ木をされないままの形で栽培されている。

チリではラベルに産地表記をする場合、その産地のぶどうを75%以上使用していることが条件となる。品種とヴィンテージの表記についても同様だ。ブレンドする場合は、その品種を15%以上使用している場合に限られるが、比率の高い順に3種類まで表示できる。おもな産地は、南北に細長く広がる国土のほぼ中央に集まっている。

# カルメネール
## ～チリで奇跡の復活を遂げたぶどう～

　チリの赤ワインというと、カベルネ・ソーヴィニヨン、略称「チリカベ」がスタンダードによく知られているし、実際に栽培面積においてはチリ国内でトップを占めている。けれど最近、チリらしさをアピールする品種として生産量を伸ばしているのがカルメネールというぶどうである。これは新しく開発された交配品種などではなく、その存在がチリで発見されるまでには紆余曲折の歴史があった。

　カルメネールはフランスのボルドー地方を起源とする品種で、フィロキセラという害虫による打撃を受ける19世紀の半ばまではフランスで盛んに栽培されていた。当時はカベルネの一種とみなされ、個性的な品種として評価されていたという。しかしフィロキセラの被害によってカルメネールの畑が全滅した際、フランスの人たちは再びこの品種を植えることはせず、メルローに植え替えたのだった。その結果、やがてカルメネールはフランスでは忘れ去られた品種となっていった。

　それから1世紀近い年月が流れ、舞台は新大陸のチリに移る。1990年代になって、チリでメルローと混同して栽培されていたぶどうの木が、実はカルメネールという別品種であることが発見された。この品種はヨーロッパがフィロキセラの被害に遭う以前、約150年前にフランスからチリに持ち込まれたが、メルローと類似していたため勘違いされたままチリ各地に広まったという仮説も発表された。この発見によってカルメネールはチリで再び公に知られるようになったのである。ワイン産業界の一部ではこの発表を否定しようとする動きもみられたが、長きにわたってチリの地に生き延びてきたカルメネールの存在は貴重であり、これを復活させるべく、栽培とワインづくりの研究を積極的に進めようとする気運が徐々に高まっていった。この品種名をラベルに表記したワインの販売を始める生産者は年々増えてきており、チリワインの新時代を切り開くぶどうとして期待されている。

# MARQUES DE CASA CONCHA CABERNET SAUVIGNON
## マルケス デ カーサ コンチャ カベルネ・ソーヴィニヨン

チリ

マイポ・ヴァレー

## チリ最大のワイン会社コンチャ・イ・トロが誇るプレミアムなカベルネ

**品種**

カベルネ・ソーヴィニヨン

　コンチャ・イ・トロ社の歴史は1883年にスペインの名門貴族コンチャ家がボルドーからぶどうの苗をチリへ持ち込んで畑を開拓したことに遡る。その後規模を拡大させ、創業者の名を冠した最高級品ドンメルチョーや、ボルドー1級シャトーとのジョイントワインを手がけつつ、デイリー価格帯まで幅広い銘柄を揃えて地位を確立した。マルケスは同家が1718年にスペイン国王から授かった侯爵家の称号に因む銘柄ワイン。チリにおけるカベルネの理想郷といわれるマイポ・ヴァレーの畑のぶどうだけを使った当社プレミアムクラスのワインである。

生産者：コンチャ・イ・トロ社
アルコール度数：14.5%
色：赤　参考価格：2760円
輸入元：メルシャン

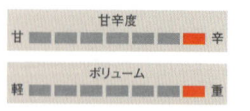

甘辛度：辛
ボリューム：重

チリ

# ERRAZURIZ MAX RESERVA CABERNET SAUVIGNON
## エラスリス マックス レゼルヴァ カベルネ・ソーヴィニヨン

アコンカグア・ヴァレー

## ボルドーの強豪ワインに勝るとも劣らぬ評価を得たエラスリスのカベルネ

**品種**

カベルネ・ソーヴィニヨン

エラスリスは1870年にアコンカグアの地に農園を開き、自社畑産を原料にしたエレガントなワインづくりを哲学に掲げる生産者。その上級ワインが2004年ベルリンで開催されたブラインドテイスティングでボルドー1級シャトーを抜いてみごとトップを獲得。チリワインの実力を世界に披露する結果となった。その上質感は同ワイナリーのスタンダードクラスにも共通している。マックス レゼルヴァは力強く芳醇、濃厚な果実味とタンニンの見事なバランスが胸に響く深い味わい。エラスリスの実力を知る入口としてお薦めの一本である。

生産者：ヴィーニャ エラスリス
アルコール度数：14%
色：赤　参考価格：3150円
輸入元：ヴァンパッシオン

**甘辛度**: 甘 ― ― ― ― ■ 辛
**ボリューム**: 軽 ― ― ― ■ ― 重

# APALTAGUA ENVERO CARMENÈRE
## アパルタグア エンヴェロ カルメネール

チリ

コルチャグア・ヴァレー

## チリの代表品種 カルメネールを使った 個性的ワイン

品種

カルメネール

つい最近までメルロー種と誤認されていたが別品種と正式に認められ、カベルネに代わるチリの代表品種として注目されるカルメネール。晩熟のため他の品種に比べて収穫は遅く、しっかり完熟させることがポイントで、そうでないワインは青臭い味になりがちである。アパルタグアは完熟のぶどうを厳選し、醸造段階においてもぶどうのキャラクターを十分に抽出させることを大切にしている。カベルネでもメルローでも、ましてやピノ・ノワールにも感じられない独特の香りと味わい。まさにカルメネールならではの個性が感じられるはずだ。

生産者：ヴィーニャ アパルタグア
アルコール度数：14%
色：赤　参考価格：2800円
輸入元：ユヤイ・カパック・アルパ

甘辛度：辛寄り
ボリューム：重め

**チリ**

## LEYDA LAS BRISAS PINOT NOIR
# レイダ ラス ブリサス ピノ・ノワール

サンアントニオ ▶ レイダ・ヴァレー

## 少し冷やして飲むと柑橘系の香りが微かに漂うピノ・ノワール

**品種**

ピノ・ノワール

　チリのピノ・ノワールというと、なじみのない方が多いかもしれない。サンアントニオは近年見出された新進のワインエリアであり、とくにレイダ・ヴァレーは海風の影響からブルゴーニュタイプのワイン品種に適した生産地となっている。その代表品種ピノ・ノワール単一でつくられたこのワインは、果実のパワーに満ちた凝縮感がありながら、ぼってりとやぼったい印象はなく、味の中心にすっと通ったしなやかなラインを感じさせる。少し冷やすと柑橘系フレーバーも感じられ、暑い日にのどを潤すのに効果的な一本だ。コストパフォーマンスもよい。

生産者：ヴィーニャ レイダ
アルコール度数：14.5％
色：赤　参考価格：2550円
輸入元：ユヤイ・カバック・アルバ

**甘辛度**: 辛寄り
**ボリューム**: 中

169

| チリ

## OCHOTIERRAS SYRAH(RESERVA)
# オチョティエラス シラー（レゼルバ）

リマリ・ヴァレー

## 細身で繊細な味わい 芯がまっすぐ通った クールクライメットシラー

**品種**

シラー

新世界における人気黒ぶどうのシラーはチリでも近年注目されており、栽培面積が拡大している。なかでも人気はクールクライメットと呼ばれる、冷涼な気候で育つシラーである。凝縮感も濃さもしっかりある赤なのに、その濃さで胸がホットになるわけでなく、逆に体が冷やされる感覚を覚えるのが特徴。カカオを思わせる苦みを含んだ香ばしいアロマ、熟した果実の美しさがきれいに保たれ、きめ細かいタンニンと調和してクリーンで繊細な味わいがひんやりしみわたる。チリシラーのポテンシャルの高さを感じる一本である。

生産者：ヴィーニャ オチョティエラス
アルコール度数：14%
色：赤　参考価格：1700円
輸入元：ユヤイ・カパック・アルパ

| 甘辛度 | | | | |
|---|---|---|---|---|
| 甘 | | | | 辛 |

| ボリューム | | | | |
|---|---|---|---|---|
| 軽 | | | | 重 |

**チリ**

## LEYDA GARUMA SAUVIGNON BLANC
# レイダ ガルマ ソーヴィニヨン・ブラン

サンアントニオ ▶ レイダ・ヴァレー

## パワフルな香りと味
## メリハリのきいた
## コク&さわやか系白

**品種**

ソーヴィニヨン・ブラン

　チリというと日本では赤のイメージが強いが、優れた個性ある白も多い。例えばこのソーヴィニヨン・ブラン。もともと香りの強いワインを生む品種ではあるが、このワインはそのアロマが非常に高く、味わいも濃厚。サンアントニオ地方と呼ばれる海岸沿いで栽培されるため、フンボルト寒流による冷気の影響が強く、長く冷涼な夏がぶどうをじっくりと成熟させ、凝縮した風味を生み出すからだ。しっかりしたアルコール感と豊かな果実感が力強く絡み合い、よい意味で、とびきり上質なジュースを飲んでいる心地よさが感じられてくる。

生産者：ヴィーニャ レイダ
アルコール度数：14%
色：白　参考価格：2150円
輸入元：ユヤイ・カバック・アルパ

**甘辛度**：辛寄り
**ボリューム**：重寄り

171

# アルゼンチン
## *Argentina*

アンデス山脈をはさんでチリと隣接するアルゼンチンは、ワインの生産量において世界第5位の地位を占める。品質の面でも年々向上がみられ、国際的な評価も高まり、世界レベルのワインが登場している。

アンデス山脈によって太平洋からの雨雲が遮断されるため年間降水量が少なく、ぶどう畑は標高の高い場所にあって乾燥していることから病害虫の被害も少なく、減農薬栽培が可能であるというメリットも備えている。

主要品種はマルベック。フランス南西部などでも栽培されている赤ワイン用のぶどうで、フランスでは高級ワインに使われる機会は少ないが、アルゼンチンにおいては輸出向けの優良ワイン用の重要な原料として積極的に栽培されている。地域性や生産者によっても違いはあるが、味は総じてヨーロッパのワインに近い複雑味のある重厚な印象が強く、力強いタンニンを備えた、色の濃い、骨格のしっかりとした個性を持つ。高級クラスまで価格帯は幅広いが、1000円台でも優れた生産者のものであれば、十分に個性豊かな味わいが堪能できる。白品種では華やかでエレガントな花の香りを思わせるトロンテスが知られている。

アルゼンチンワインは、お隣のチリに比べると日本で入手できるチャンスが少なかったが、近ごろは種類や価格の幅も広がって注目度は高まっている。おもな産地は中央西部に位置するメンドーサで、国内生産量の7〜8割を占める。

# DOÑA PAULA ESTATE MALBEC
## ドニャ パウラ エステート マルベック

アルゼンチン

メンドーサ

## アルゼンチンの代表品種 マルベックの個性が輝く しなやかな赤ワイン

品種

マルベック

　生産量、品質ともに国内最大のメンドーサは、輸出向け高級ワインの生産が盛んな地区。もとはフランスから持ち込まれたマルベックが主要品種で、故郷フランスよりもアルゼンチンでよく生育し、再評価されている。デイリーから長熟タイプまで融通のきく品種で価格帯も幅広い。世界で高い評価を獲得している生産者ドニャ パウラのマルベックは、しっかりと飲みごたえがありつつ、やわらかい口当たり。どっしり重いニューワールドの味わいというよりは、ヨーロッパスタイルの上品なワインをつくる姿勢がうかがえる。

生産者：ドニャ パウラ
アルコール度数：14%
色：赤　参考価格：1890円
輸入元：アズマコーポレーション

甘辛度：辛寄り
ボリューム：中程度

# 南アフリカ
## Republic of South Africa

　南アフリカのワインの歴史は、17世紀にオランダ人がケープへ上陸し、1659年に最初のワインがつくられたのが始まりとされている。その後、この地へ移住してきたユグノー教徒たちによって醸造技術が進み、ワイン産業はさらに発展した。ユグノーとは1685年にルイ14世による「ナントの勅令」の廃止により弾圧されたプロテスタントのことである。

　イギリス植民地時代を経て南アフリカ共和国となり、1918年にはKWV（南アフリカワイン醸造者協同組合）が設立されたことでワインの生産は集約されるが、アパルトヘイトの崩壊以降の1990年代後半からはワイン産業の近代化が進み、輸出量も増加した。家族や個人で経営する小さなワイナリーが続々と誕生し、以前に増して品質も向上する傾向が続いている。近ごろは日本でもあちこちの売り場で南アフリカ産のワインをみかける機会が多くなってきた。おもな産地はケープタウンに近い沿岸部。品種ではシュナン・ブランやアフリカ独自の交配品種ピノ・タージュが知られるほか、カベルネ・ソーヴィニヨンやメルロー、シラー、シャルドネ種などの国際品種によるワインも積極的に生産されている。価格帯はデイリーからプレミアムまで幅広いが、全体に品質に比べて低価格。コストパフォーマンスは高い。

# 日本
*Japan*

## 日本ワインの基礎知識

　ここ数年における日本のワインの進化はめざましい。高温多湿で雨が多いという気候のハンディに加え、ぶどう栽培農家から購入するぶどうの価格が高いこともワインの値段を下げることが難しい要因のひとつとなっていた。ところが最近はその困難を乗り越えて、高品質でありながら1000円台くらいから楽しめる実にバリューなワインが続々登場し、ワインショップの棚には、輸入ワインと並んで、日本ワインの種類が年々着実に増えていることを実感する。

　おもな産地は、北から北海道、山形、山梨、長野、新潟などを中心に、各地に優れた造り手のいるワイナリーがあり、純国産のぶどうを使ったワインづくりが行われている。日本独自の品種として代表的な「甲州」は、名前の通り山梨県が主要産地。長く地元では日常の地酒として親しまれてきた品種だが、最近は醸造方法などの工夫により、フレッシュ&フルーティーなタイプ、柑橘系のフレーバーが心地よい辛口タイプ、果皮の成分をいかしたオイリーでコクのあるタイプなど、甲州種の潜在能力を見事に引き出したワインが楽しめるようになり、国内はもちろん国際的なレベルでの評価も高まっている。

　赤ワインでは「日本のワインぶどうの父」といわれる川上善兵衛が生涯をかけてつくり出した「マスカット・ベーリー A」が日本独自の代表品種。キャンディーアロマといわれる独特のチャーミングな香りを持つこのワインは、味わいも愛らしく、軽やかで若々しいイメージが強かった。近ごろは熟成感のある大人っぽさを感じさせるタイプのものも登場し、産地と造り手の個性の比較が楽しめるようになった。シャルドネやカベルネ、ピノ・ノワールなどの欧州系品種も各地で栽培され、長野塩尻産のメルローはとりわけ知名度も高い。北海道ではケルナーやミュラートゥルガウなどドイツ系品種が目立つほか、池田町では独自に開発した耐寒性品種を用いてのワインづくりが行われている。山形は冷涼な気候がもたらす、きりっとひきしまった酸味のきれいなワインが赤白ともに多い。雨量も多く、気候からいえばワインよりもミカンを生産したほうがよいのでは？といわれることもあるという宮崎県でも、キャンベルアーリーをはじめ、ハイレベルなシャルドネなどもつくられている。

日本

## GRACE KOSHU
## グレイス甲州

山梨県 ▶ 甲州市

## きれいであかぬけた スタイルの甲州 味噌料理と好相性

品種

甲州

　日本独自の白ワイン品種といえば甲州。山梨の各ワイナリーでは甲州の研究を重ねつつ多彩な個性を打ち出した商品をつくっている。例えば甲州を世界レベルの商品にすることに尽力を注いでいる中央葡萄酒が手がける「グレイス甲州」は、果実味を重視したシュール・リー製法による勝沼町産甲州種を使ったワイン。人によってはネガティブに感じられることもある甲州独特の癖がなく、味わいがきれいであかぬけている。どんな食事もひきたてる優秀な食中酒だが、お薦めは味噌料理。甲州名物ほうとうとは好相性なので、ぜひお試しを。

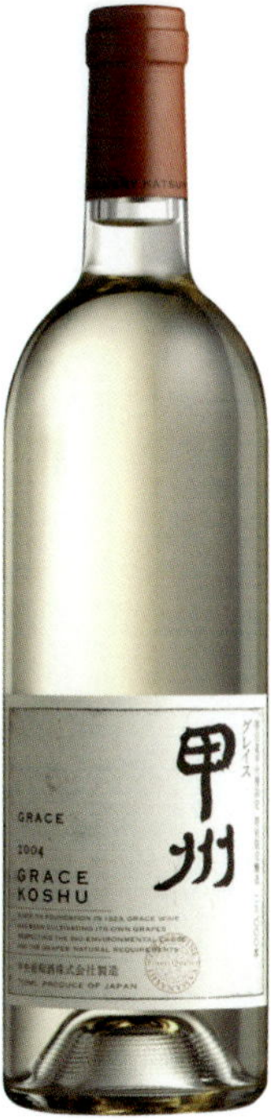

生産者：中央葡萄酒
アルコール度数：12%
色：白　参考価格：2000円

| 甘辛度 | | | | |
|---|---|---|---|---|
| 甘 | | | ■ | 辛 |

| ボリューム | | | | |
|---|---|---|---|---|
| 軽 | | ■ | | 重 |

177

# IWANOHARA WINE MUSCAT BAILEY A
## 岩の原ワイン マスカット・ベーリーA

新潟県 ▶ 上越市

### 川上善兵衛の志を受け継いで成長する日本固有の赤ベーリーA

品種

マスカット・ベーリーA

明治時代、豪雪地帯の新産業としてワイン醸造に着目し、日本の気候風土に適したぶどうの品種改良に力を尽くした結果、マスカット・ベーリーAという優良品種を生み出した人物が「岩の原葡萄園」を設立した川上善兵衛だった。今日では日本を代表する品種として成長し、フレッシュなイチゴの風味を持つ軽快なものから重厚なタイプまで多様なスタイルがつくられている。その元祖である岩の原葡萄園が手がけるこのワインはしっかりとした骨格を持ち、快い渋みとやわらかな口当たりが心地よい。2009年国産ワインコンクール金賞受賞。

生産者：岩の原葡萄園
アルコール度数：12%
色：赤　参考価格3150円

甘辛度：甘 — 辛（辛寄り）
ボリューム：軽 — 重（中央）

日本

## IZUTSU WINE SILVER MERLOT
# 井筒ワイン シルバー 赤 メルロー

長野県 ▶ 塩尻市

## やわらかで上質な凝縮感
## 緻密で端正な魅力を持つ
## いぶし銀のようなワイン

品種

メルロー

　メルローというと一般にはカベルネとともにボルドーの銘酒を生み出す品種で有名だが、日本における代表産地は長野県塩尻である。この一帯はワイナリーが多く、ワインの町としての知名度も高い。なかでも井筒ワインは、地元メルロー種を使ったシリーズを6種類揃え、価格帯も1000円台から6000円程度まで幅広い。産地の特徴はどれにもしっかり出ているが、入りやすい価格帯でお薦めがこれ。やさしい樽香も加わった緻密な味わいは、まさにいぶし銀の魅力といおうか。日本メルローの実力がわかる価格も嬉しいシルバーラベルである。

生産者：井筒ワイン
アルコール度数：13%
色：赤　参考価格：2055円

甘辛度：辛寄り
ボリューム：中程度

## 知っておきたいぶどう品種

ワインの個性を決める要素のひとつにぶどう品種があげられます。同じ品種でも国や地域、さらに醸造方法によって個性の違うワインが生まれますが、代表的な品種について知っておくことは、様々なスタイルのワインを選ぶ上で有効です。ここでは国際的に広く知られているワイン用代表品種を解説します。地域特有の伝統品種については各章の扉やカコミで解説をしているので、そちらも参考にしてください。
イタリア (P82-83) ドイツ (P109) スペイン (P129) チリ (P165)

## 白ワイン用ぶどう品種

### シャルドネ

環境への順応性が高く、多くの国で栽培されている品種。その個性をひとことで語るのは難しく、産地の気候や土壌、醸造や熟成方法などによって味は劇的に変化する。価格帯も1000円未満から万単位まで幅広く、ブルゴーニュ地方においてはシャブリやモンラッシェなど最高の辛口ワインを生み出す。シャンパンの原料にも使われ、とくにシャルドネ100％でつくる「ブラン・ド・ブラン」はやさしく繊細な味わいが魅力。

(本書で紹介しているワイン：P40、P49～50、P58、P147、P159 ※単一またはブレンドの主要品種で使われているものに限る)

### ソーヴィニヨン・ブラン

品種自体の香りが少ないシャルドネとは対照的に、濃厚なアロマを持つ品種。アロマという点でボリューム感が強いのはニュージーランド南島のマルボロ産で、南国フルーツを思わせる果実の香りが特徴。一方フランス・ロワール地方のサンセール、プィイ フメにおいてはミネラル風味のある切れのよい味わいを生む。ボルドーではセミヨンとのブレンドで使用されることが多い。カリフォルニアでは「フィメブラン」の別名を持つ。全体にコクよりは爽快感と軽やかな味わいが魅力。一般に長期熟成はされない。

(本書で紹介しているワイン：P29、P66～67、P162、P171 ※単一またはブレンドの主要品種で使われているものに限る)

### リースリング

シャルドネと並ぶ白の高貴品種といわれるが、土地への順応性が高く品種自体に個性が少ないシャルドネに対して、リースリングは逆。冷涼な気候を好み、品種自体の個性も強い。ただしコクや力強さといった性

格よりは、気品あふれる華やかな香りと、純粋で瑞々しく透明感のあるきれいな酸が持ち味であるため、樽を使うことは少なく、品種自体が持つ素顔の魅力を表現したワインが多い。他の品種とブレンドされることもめったにない。ドイツを中心に、アルザス（フランス）、オーストリア、オーストラリアのクレア・ヴァレーなどがおもな銘醸地として知られる。

(本書で紹介しているワイン：P61、P110〜113、P115、P117、P119、P154)

### セミヨン

　三大貴腐ワインのひとつ、ボルドー・ソーテルヌ地区の極甘口ワインの原料となる品種として名高い。ボルドー・グラーヴ地区では、ソーヴィニヨン・ブランとブレンドされて辛口ワインになる。この品種は単一で使われることは少なく、甘口、辛口ともにブレンドで使われることが多い。ねっとりと粘り気のある個性を持つため、甘口の場合は主役となって重厚でとろりとした蜂蜜のようなゴージャスな香りを持つワインとなり、辛口の場合は脇役にまわりながらも、ワインにしっかりとしたコクを与える役目を果たす。

(本書で紹介しているワイン：P28 ※ブレンドの主要品種で使われているものに限る)

### ゲヴュルツトラミネール

　ゲヴュルツとはドイツ語で薬味、香料の意味で、その名の通り独特の強い香りを持つ。フランスのアルザス地方、ドイツなどを中心に栽培されている。

(本書で紹介しているワイン：P60)

### シュナン・ブラン

　フランスのロワール地方で積極的に使われている品種で、辛口から甘口まで幅広いスタイルのワインがつくられる。

### ミュスカ

　ワインのほか、生食、干しぶどうなどにも用いられる。華やかなぶどうの香りはそのままワインの風味にもいかされ、フレッシュでフルーティーな甘口につくられることが多い。イタリアではモスカートと呼ばれる。

### ヴィオニエ

　フランスのローヌ地方での栽培が盛んで、とくにコンドリューでつくられるヴィオニエ100％の高級白ワインは有名。

知っておきたいぶどう品種

## 赤ワイン用ぶどう品種

### カベルネ・ソーヴィニヨン

　フランスのボルドー、とくに左岸のメドック地区において主役となり、銘醸ワインを生み出す。長期熟成能力の高い品種として知られ、今やボルドーだけでなく、広く世界各国に植えられている。高級品種として名高いぶどうではあるが、他の品種とブレンドされて使われる機会が多いのも特徴だ。例えばボルドーではおもにメルローやカベルネ・フランなどとブレンドされることが一般的だし、イタリアではサンジョベーゼと、オーストラリアではシラーズとブレンドされることがよくある。カリフォルニアやチリなどでは単一で用いられることが多い。
（本書で紹介しているワイン：P22〜27、P94、P144〜145、P149、P158、P166〜167
※単一またはブレンドの主要品種で使用されているものに限る）

### メルロー

　フランスのボルドー、とくに右岸のサンテミリオン地区、ポムロール地区において主役となり、銘醸ワインを生み出す。カベルネ・ソーヴィニヨンに比べると酸もタンニンも穏やかであるため、やわらかくなめらかな味わいに仕上がる。ボルドーでは一般にカベルネ・ソーヴィニヨンやカベルネ・フランなどとブレンドされることが多いが、なかにはメルロー100％でつくられるボルドーワインもある。多くのワイン生産国で栽培され、長野県の塩尻でも栽培に成功し、日本を代表するワインとして注目されている。
（本書で紹介しているワイン：P30〜34、P179　※単一またはブレンドの主要品種で使用されているものに限る）

### ピノ・ノワール

　フランスの銘醸地ブルゴーニュ地方において広く栽培されている赤の代表品種。世界最高価格といわれるロマネ コンティもこの品種から生まれる。他の品種とブレンドされることは稀で、単一で醸造されるため、土壌や気候風土の違いが出来上がったワインに反映されやすい。土地の選り好みが激しい品種なので、カベルネやメルローほど多くの土地で栽培されることはないが、ブルゴーニュ以外でもアメリカ、ドイツ、ニュージーランドなどで栽培されている。安価な価格帯のものは少ない。ドイツではシュペートブルグンダーと呼ばれる。
（本書で紹介しているワイン：P41〜48、P57、P118、P148、P169）

### シラー/シラーズ

　フランスのローヌ地方やオーストラリアを中心にフランスのラングドックやカリフォルニアなど温暖な地域で多く栽培されている品種。オーストラリアでは「シラーズ」と呼ばれ、この国の赤ワインを代表するぶどう品種として広く生産されている。ローヌ地方ではとくに北部での生産が盛ん。土地や醸造法により個性の違いはあるが、全体に酸味は穏やか、凝縮した果実味が強く感じられる濃厚で力強い味わいのものが多い。
（本書で紹介しているワイン：P71、P155〜156、P170　※単体またはブレンドの主要品種で使用されているものに限る）

### グルナッシュ

　フランス南部、スペイン、オーストラリアなど気候の温暖な土地を好む品種。比較的ブレンドで使われることが多く、ローヌ地方の銘醸地シャトーヌフ デュ パプやスペインのプリオラートにおいて高貴なワインを生んでいる。もとはスペインが原産地の品種であり、スペインではガルナッチャと呼ばれる。
（本書で紹介しているワイン：P70、P73、P76、P131、P157　※単一またはブレンドの主要品種で使用されているものに限る）

### カベルネ・フラン

　フランスのボルドー地方ではおもにブレンドの補助品種として使われるが、ロワール地方においては主役となり、その秀逸性を発揮する。タンニンの少ない温和なワインで、飲みやすいやさしい味わいが特徴。
（本書で紹介しているワイン：P65　※単一で使用しているものに限る）

### ガメイ

　おなじみのボージョレ・ヌーヴォをはじめ、フランスのボージョレ地区を代表する品種。果実香に富み、軽くてフルーティーなワインとなることが多い。
（本書で紹介しているワイン：P51）

### ジンファンデル

　カリフォルニアが誇る品種で、イタリアのプリミティーヴォ（P101）と同一種とされている。熟したイチゴやジャムを思わせるような香りをもち、アルコール度数の高い濃い赤ワインになることが多い。
（本書で紹介しているワイン：P146、P150）

## 本書で掲載したワインの輸入元

- 本書でご紹介したワインを取り扱っている輸入元（インポーター）の一覧です。ただし日本のワインについては生産元のワイナリーを明記しています。
- 実店舗またはネットなどを通して一般消費者の方への直接の小売りを行っている輸入元もあります。その場合は「ネット販売を行っている」「実店舗での小売販売を行っている」などの併記をしてありますので、購入の際のご参考にしてください。
- 小売りを行っていない輸入元の業者については住所と電話番号のみを記載しています。直接の購入はできませんが、問い合わせをすれば、どこで購入できるかなど、商品に関するアドバイスが得られます。
- ワインの輸入事情等は常に変更の可能性がありますことをご了承ください。
- 社名は順不同です。

◇エノテカ 株式会社
〒106-0047 東京都港区南麻布5-14-15 アリスガワウエスト
TEL : 03-3280-6258　FAX : 03-3280-6279
実店舗での小売販売、ネット販売ともに行っている。http://www.enoteca.co.jp/

◇株式会社 ファインズ
〒141-0031 東京都品川区西五反田7-20-9 KDX 西五反田ビル2F
TEL : 03-5745-2190

◇株式会社 モトックス
〒577-0802 大阪府東大阪市小阪本町1-6-20
TEL : 0120-344101

◇株式会社 中島董商店
〒106-0045 東京都港区麻布十番1-5-30 十番董友ビル4F
TEL : 03-3405-4222

◇株式会社 ラック・コーポレーション
〒107-0052 東京都港区赤坂5-2-39 円通寺ガデリウスビル
TEL : 03-3586-7501

◇MHDモエ ヘネシー ディアジオ 株式会社
〒101-0051 東京都千代田区神田神保町1-105 神保町三井ビルディング13F
TEL : 03-5217-9733

◇ディオニー 株式会社
　〒612-8311 京都市伏見区奈良屋町408-1
　TEL：075-622-0850

◇日本リカー 株式会社
　〒108-0073 東京都港区三田2-14-5フロイントゥ三田ビル3F
　TEL：03-3453-2208

◇株式会社 ヴァンパッシオン
　〒105-0011 東京都港区芝公園3-1-1 美濃富ビル6F
　TEL：03-6402-5505

◇木下インターナショナル 株式会社
　〒601-8101 京都市南区上鳥羽高畠町56
　TEL：075-681-0721

◇有限会社 ザ ヴァイン
　〒150-0021 東京都渋谷区恵比寿西1-31-16-401
　TEL：03-5458-6983　FAX：03-5458-6984
　ネット販売を行っている。http://www.thevineltd.com

◇アズマコーポレーション
　〒108-0014 東京都港区芝4-13-2 市原ビル2F
　TEL：03-3457-0033

◇有限会社 ヴォルテックス
　〒104-0043 東京都中央区湊3-7-11 パンセフレスコ1103
　TEL：03-5541-3223

◇株式会社 ラシーヌ
　〒160-0008 東京都新宿区三栄町18-20 パークサイド四谷5F
　TEL：03-5366-3931

◇株式会社 ミレジム
　〒101-0048 東京都千代田区神田司町2-13
　神田第4アメレックスビル7F
　TEL：03-3233-3801

◇株式会社 仙石
　〒640-8145 和歌山県和歌山市岡山丁83
　TEL：073-421-8885　FAX：073-421-8887
　ネット販売、実店舗での小売販売ともに行っている。http://www.biancorosso.co.jp

◇株式会社 アルトリヴェッロ
　〒150-0021 東京都渋谷区恵比寿西1-17-1-401
　TEL：03-5428-3131

◇株式会社 ヴィナイオータ
　〒305-0027 茨城県つくば市東岡88-3
　TEL：029-896-5700

## 本書で掲載したワインの輸入元

◇三国ワイン 株式会社
〒104-0033 東京都中央区新川1-17-18
TEL：03-5542-3939

◇株式会社 オーデックス・ジャパン
〒108-0074 東京都港区高輪4-1-22
TEL：03-3445-6895

◇有限会社 フードライナー
〒658-0031 神戸市東灘区向洋町東4-5
TEL：078-858-2043

◇メルシャン 株式会社
〒104-8305 東京都中央区京橋1-5-8
TEL：03-3231-3961（お客様相談室）

◇株式会社 シュピーレン・ヴォルケ
〒191-0032 東京都日野市三沢2-21-9
TEL：042-533-6171　FAX：042-533-6162
TEL & FAX による問い合わせ＆購入もできる。
ネット販売を行っている。http://www.yu-un.com

◇ヘレンベルガー・ホーフ 株式会社
〒567-0878 大阪府茨木市蔵垣内2-10-15
TEL：072-624-7540

◇株式会社 八田
〒143-0016 東京都大田区大森北6-25-18
TEL：03-3762-3121

◇株式会社 稲葉 営業本部 流通センター
〒454-0954 名古屋市中川区江松5-228
TEL：052-301-1441

◇有限会社 エイ・ダヴリュー・エイ
〒662-0066 兵庫県西宮市高塚町2-14
TEL：0798-72-7022
通信販売を行っている。http://www.awa-inc.com

◇有限会社 ワイナリー和泉屋
〒173-0004 東京都板橋区板橋1-34-2
TEL：03-3963-3217　FAX：03-3963-3220
実店舗での小売販売、ネット販売ともに行っている。http://www.wizumiya.co.jp

◇サントリーワインインターナショナル 株式会社
〒135-8631 東京都港区台場2-3-3
TEL：0120-139-380

◇千商ワイン事業部
〒103-0022 東京都中央区日本橋室町2-4-15
TEL：03-5547-5711

◇**布袋ワインズ 株式会社**
〒108-0071
東京都港区白金台3-17-5 白金台間中ビル5F
TEL：03-5789-2728

◇**ワイン・イン・スタイル 株式会社**
〒102-0081 東京都千代田区四番町11-3 ヴェネオ四番町1F
TEL：03-5212-2271

◇**サッポロビール 株式会社**
〒150-8522 東京都渋谷区恵比寿4-20-1 恵比寿ガーデンプレイス内
TEL：0120-207800（お客様センター）

◇**ヴィレッジ・セラーズ株式会社**
〒935-0056 富山県氷見市上田上野6-5
TEL：0766-72-8680

◇**株式会社 アイメックス**
〒104-0033 東京都中央区新川2-2-1-810
TEL：03-3537-6858　FAX：03-3537-6580
ネット販売を行っている。ウルルの郷 http://www.uluru-sato.jp

◇ **GRN 株式会社**
〒105-0013 東京都港区浜松町 2-7-15 日本工業2号館8F
TEL：03-5473-0530

◇**ユヤイ・カパック・アルパ 有限会社**
〒113-0023 東京都文京区向丘2-16-7 井川ビル1F
TEL：03-6303-5585　FAX：03-6303-5586
実店舗での小売販売、ネット販売ともに行っている。
チリワインショップ ユヤイ http://www.yuyay.jp

◇**岩の原葡萄園**
〒943-0412 新潟県上越市大字北方1223
TEL：025-528-4002　FAX：025-528-3530
ワイナリーから直接の購入可能。ネット販売も行っている。

◇**中央葡萄酒 株式会社**
〒409-1315 山梨県甲州市勝沼町等々力173
TEL：0553-44-1230　FAX：0553-44-0924
ワイナリーから直接の購入可能。ネット販売も行っている。

◇**株式会社 井筒ワイン**
〒399‐6461 長野県塩尻市大字宗賀桔梗ヶ原1298-187
TEL：0263-52-0174　FAX：0263-52-7910
ワイナリーから直接の購入可能。ネット販売も行っている。

# 50音索引 (掲載銘柄)

## 【ア行】
アイスワイン(ユルツィガー ヴュルツガルテン) ········· 119
アイレス モンテプルチアーノ ダブルッツォ ··········· 102
アパルタグア エンヴェロ カルメネール ··············· 168
アマローネ デラ ヴァルポリチェッラ ················· 97
井筒ワイン シルバー 赤 メルロー ···················· 179
岩の原ワイン マスカット・ベーリー A ················ 178
ヴィラ マウント エデン シャルドネ ビエン ナシード ヴィンヤード ···· 147
ヴーヴ・クリコ イエローラベル ······················· 57
ヴェルナッチャ ディ・サン・ジミニャーノ ············· 92
ヴォーヌ ロマネ ···································· 44
ヴォルネイ ········································· 48
ウガルテ ·········································· 130
ウッドストック カベルネ・ソーヴィニヨン ············ 158
エラスリス マックス レゼルヴァ カベルネ・ソーヴィニヨン ··· 167
オーパス ワン ····································· 144
オー ブリオン(シャトー) ···························· 21
オー ムーラン(シャトー トゥール デュ) ·············· 26
オチョティエラス シラー(レゼルバ) ················· 170

## 【カ行】
カオール ·········································· 77
ガタオ ヴィーニョ ヴェルデ ························ 139
カルボニュー(シャトー) ····························· 29
カレスケ グリーノック シラーズ ···················· 155
カロン セギュール(シャトー) ························ 22
カンプ デュ ルス バルベラ ダスティ ················· 87
キャンティ クラシコ ································ 93
キュヴェ グラナクサ ································ 73
グリューナー・フェルトリーナー オーベル シュタイゲン ··· 123
グレイス甲州 ····································· 177
グロセット ウォーターヴェイル スプリングヴェイル リースリング ···· 154
ゲヴュルツトラミネール ツェレンベルグ ··············· 60
『ゲーペー』ソバージュ リースリング トロッケン ······ 115
ケルン リースリング クラシック ···················· 112
コート カタラン ルージュ ロマニッサ ················ 76
コート デュ ローヌ ルージュ ························ 71
コルビエール ブラン アン フュ ····················· 74

## 【サ行】
サッシカイア ······································· 94
サンセール テール ドゥ マンブレイ ·················· 66
サン ミシェル(シャトー) ···························· 34

| 項目 | ページ |
|---|---|
| ジスクール(シャトー) | 25 |
| シノン レ グランジュ | 65 |
| シャトー オー ブリオン | 21 |
| シャトー カルボニュー | 29 |
| シャトー カロン セギュール | 22 |
| シャトー サン ミシェル | 34 |
| シャトー ジスクール | 25 |
| シャトー ディケム | 28 |
| シャトー デュ クレレ ミュスカデ セーヴル エ メーヌ シュール・リー | 64 |
| シャトー トゥール デュ オー ムーラン | 26 |
| シャトー トゥール ド ミランボー リゼルヴ | 33 |
| シャトーヌフ デュ パプ | 70 |
| シャトー プピーユ | 32 |
| シャトー ペトリュス | 31 |
| シャトー ベレール | 30 |
| シャトー マルゴー | 20 |
| シャトー ムートン ロートシルト | 20 |
| シャトー ラグランジュ | 24 |
| シャトー ラトゥール | 21 |
| シャトー ラネッサン | 27 |
| シャトー ラフィット ロートシルト | 21 |
| シャトー ランシュ バージュ | 23 |
| シャブリ | 40 |
| シャルツホフベルガー カビネット | 110 |
| シャンドン ロゼ | 160 |
| シャンボール ミュジニー | 43 |
| ジュヴレ シャンベルタン | 41 |
| スタッグス・リープ・ワイン・セラーズ カベルネ・ソーヴィニヨン "アルテミス" | 145 |
| セインツベリー ピノ・ノワール カルネロス | 148 |
| セゲシオ ジンファンデル ソノマ・カウンティ | 146 |
| ソアーヴェ | 96 |

【タ行】

| 項目 | ページ |
|---|---|
| ダーレンベルグ カストディアン グルナッシュ | 157 |
| タウラージ ラディーチ | 100 |
| ダン レッド | 140 |
| チェク ロエロ アルネイス | 89 |
| ツヴァイゲルト | 124 |
| ディケム(シャトー) | 28 |
| ドゥラモット ブリュット | 58 |
| トーレス サングレ デ トロ | 136 |
| ドニャ パウラ エステート マルベック | 173 |
| ドルチェット ダルバ | 88 |
| ドン ペリニヨン | 55 |

【ナ行】

| 項目 | ページ |
|---|---|
| ナイア | 135 |
| ニュイ サン ジョルジュ | 46 |

189

| | |
|---|---:|
| ネロ ダーヴォラ | 103 |
| **【ハ行】** | |
| パコ イ ロラ | 137 |
| バルバレスコ | 86 |
| バルベラ ダスティ(カンプ デュ ルス) | 87 |
| バローロ ブルナーテ | 85 |
| バンドール ルージュ | 78 |
| ピーター レーマン バロッサ シラーズ | 156 |
| ピュリニー モンラッシェ | 50 |
| プイィ フュメ | 67 |
| プピーユ(シャトー) | 32 |
| ブラド レイ クリアンサ | 134 |
| ブランケット ド リムー アンセストラル | 75 |
| フランシス コッポラ ダイヤモンド コレクション クラレット | 149 |
| プリミティーヴォ ディ マンドゥーリア | 101 |
| ブルネッロ ディ モンタルチーノ | 91 |
| フレシネ コルドン ネグロ | 133 |
| プロセッコ コネリアーノ ヴァルドッビアーデネ | 98 |
| ペタロス | 132 |
| ペトリ ヘルクスハイマー シュペートブルグンダー シュペートレーゼ トロッケン "バリク" | 118 |
| ペトリュス(シャトー) | 31 |
| ペトリ リースリング ゼクト b.A ブリュット | 117 |
| ベリンジャー スパークリング ホワイト ジンファンデル | 150 |
| ベルンカステラー ドクトール リースリング カビネット | 111 |
| ベレール(シャトー) | 30 |
| ボージョレ ヴィラージュ | 51 |
| ボーヌ | 47 |
| **【マ行】** | |
| マルケス デ カーサ コンチャ カベルネ・ソーヴィニヨン | 166 |
| マルゴー(シャトー) | 20 |
| マルボロ ソーヴィニヨン・ブラン(モートン・エステート) | 162 |
| ミュスカデ セーヴル エ メーヌ シュール・リー(シャトー デュ クレレ) | 64 |
| ミランドー リゼルヴ(シャトー トゥール ド) | 33 |
| ムートン ロートシルト(シャトー) | 20 |
| ムルソー | 49 |
| モエ・エ・シャンドン モエ アンペリアル | 56 |
| モートン・エステート マルボロ ソーヴィニヨン・ブラン | 162 |
| モレ サン ドニ | 42 |
| モンテプルチアーノ ダブルッツォ(アイレス) | 102 |
| **【ヤ行】** | |
| ユリウスシュピタール ヴュルツブルガー シュタイン シルヴァーナ カビネット トロッケン | 116 |
| ユルツィガー ヴュルツガルテン アイスワイン | 119 |
| **【ラ行】** | |
| ラインガウ甲州 ミッテルハイマー エーデルマン | 114 |
| ラグランジュ(シャトー) | 24 |

| | |
|---|---:|
| ラトゥール(シャトー) | 21 |
| ラネッサン(シャトー) | 27 |
| ラフィット ロートシルト(シャトー) | 21 |
| ランシュ バージュ(シャトー) | 23 |
| リースリング ツェレンベルグ | 61 |
| レイダ ガルマ ソーヴィニヨン・ブラン | 171 |
| レイダ ラス ブリサス ピノ・ノワール | 169 |
| レッド ヒル エステート シャルドネ | 159 |
| レルミタ | 131 |
| ロエロ アルネイス(チェク) | 89 |
| ロバート ヴァイル リースリング トラディション | 113 |
| ロマニッサ(コート カタラン ルージュ) | 76 |
| ロマネ コンティ | 45 |

## 参考文献

『ブルゴーニュワインがわかる』マット・クレイマー／白水社
『イタリアワインがわかる』マット・クレイマー／白水社
『世界のワイン』スーザン・キーヴィル監修／新樹社
『土着品種で知るイタリアワイン』中川原まゆみ／産調出版
『世界のワイン事典』2009-2010／講談社
『世界のワイン生産者ディクショナリー307』斉藤研一／美術出版社
『イタリアワイン最強ガイド』川頭義之／文藝春秋
『田辺由美の WINE BOOK 2009』田辺由美／飛鳥出版
『これだけは知っておきたいワインの豆知識』／メルシャン
『ワイン完全ガイド』君嶋哲至監修／池田書店
『新ドイツワイン』伊藤眞人／柴田書店
『知識ゼロからの世界のワイン入門』弘兼憲史／幻冬舎
『さらに極めるフランスワイン入門』弘兼憲史／幻冬舎
『知識ゼロからのシャンパン入門』弘兼憲史／幻冬舎
『知識ゼロからのプレミアムワイン入門』弘兼憲史／幻冬舎
『ワインづくりの思想』麻井宇介／中央公論新社
『ワインが楽しく飲める本』原子嘉継／PHP研究所
『のんだくれワイン道』田島みるく／PHP研究所
『今日からちょっとワイン通』山田健／筑摩書房
『初歩からわかる超ワイン入門』種本祐子監修／主婦の友社
『ワイン生活』田崎真也／新潮社

## 熊野裕子（くまの・ゆうこ）

東京都生まれ。中央大学文学部独文学科卒業。食と旅をメインテーマに、雑誌や新聞、ムック、書籍等でガイド記事やエッセイ、コラムなどを執筆中のライター＆エッセイスト。仕事で海外取材を重ねるうち、ワインの魅力に目覚め、近年はドイツ、フランス、イタリア、オーストリア、オーストラリア、カリフォルニア、日本など各国のワイン産地を訪ね歩き、取材を続けている。ライター業のかたわら、デパートや酒販店のワイン売り場などでワインのデモンストレーション販売の仕事を行っている。おもな著書に『ニーツアーガイド ドイツ』『ニーツアーガイド オーストリア』（ゼンリン）、『東京五つ星SWEETS』（ニューズ出版）、『好きになっちゃったシンガポール』（共著・双葉社）、取材執筆本に『ヨーロッパの田舎』（新潮社）、『個人旅行イタリア』（昭文社）などがある。

---

| | |
|---|---|
| ブックデザイン | 長谷川　理（Phontage Guild） |
| 企画・編集 | 小島　卓（東京書籍） |
| | 石井一雄（エルフ） |

---

## ワイン手帳

2010年6月24日　　　第1刷発行
2015年3月19日　　　第3刷発行

| | |
|---|---|
| 著　者 | 熊野裕子（くまの　ゆうこ） |
| 発行者 | 川畑慈範 |
| 発行所 | 東京書籍株式会社 |
| | 〒114-8524　東京都北区堀船2-17-1 |
| 電　話 | 03-5390-7531（営業）　03-5390-7526（編集） |
| | http://www.tokyo-shoseki.co.jp |
| 印刷・製本 | 凸版印刷株式会社 |

Copyright©2010 by Yuko Kumano, Tokyo Shoseki Co.,Ltd.
All rights reserved.
Printed in Japan

乱丁・落丁の場合はお取り替えいたします。
本体価格はカバーに表示してあります。
ISBN978-4-487-80425-2 C2076